新装版　The Cities = New illustrated series

パリ大改造
──オースマンの業績──

PLANNING AND CITIES

General Editor
GEORGE R. COLLINS, Columbia University

Haussmann: Paris Transformed by Howard Saalman
Copyright ©1971 by George Braziller, Inc.
Published 1983 in Japan by Inoue Shoin, Inc.
Japanese translation rights arranged with George Braziller, Inc., New York through Tuttle-Mori Agency, Inc., Tokyo

監修者 まえがき

パリ改造が，近代における都市計画の中でも，模倣の対象となる一方で議論の多い事業であったことは疑う余地がない。それは工業化時代の急激な都市化という緊急事態に適合するために，バロック時代の先例に習い，情容赦のない改造を行ったのであった。そして商売っ気の多い新興の中流上層階級の強い願望を反映したのであったが，そういう企業家たちのために，古い町を刷新して，近代的商業，交通に対する要求にこたえたのであった。

著者は，中世初期に始まるパリの発展と改造の長い歴史をふまえてオースマンとナポレオン3世の事業を明らかにし，その高圧的なやり方が数々の批判を引き起こしたにもかかわらず，この2人の指導者は，次の数世代の人々のためにパリの生命力を維持し，さらに発展させることに成功したと述べている。彼らは活気あふれる中心街を開発し，悪臭漂う地区に新しい空気を送り込み，市内にいままでにない規模の風景を作り出した。印象派の画家達がやってきては，まるで海や川，波打つ野原を描くように，夢中になって，改造後のパリを描いた。

本書は，注目すべき歴史上のプランナーと都市に主眼を置いた「都市計画と都市」シリーズの1冊である。既刊のオースマン，ガルニエ，ル・コルビュジエの巻に，近い将来ルドゥー，オームステッド，その他の研究が加えられることを望んでやまない。このシリーズでは，ほとんどが限られた時代と地域を扱っているが，今後はそのほかにも，古典時代，20世紀，東欧社会主義国や東洋の都市計画も取り上げていきたいと考えている。

ジョージ・R・コリンズ

まえがき

第2帝政時代，ならびにナポレオン3世とパリの県知事ジョルジュ・ユージェヌ・オースマンによるパリ大改造は，歴史家やプランナーの間で関心が高まり，議論の的となっている（図1）。デビッド・ピンクニイの優れた研究「ナポレオン3世とパリ改造」(文献参照)は，今後の研究のための学問的基盤を提供している。

「都市計画と都市」シリーズの本書では，実際の歴史的データの枠組みを広げるのではなく，むしろ，ナポレオンの計画の結果を別の観点から再検討しようと思う。ルイ6世からルイ・フィリップに至るフランス国王時代のパリだけでなく，オースマンのパリとしてよく知られた側面が，新たな脚光を浴びるとしたら，本書の目的は達せられることになるだろう。

この研究では，都市の歴史に関するゼミナールで，数年にわたって学生達と議論した成果が随所に現れている。古代以来，主要な時代にはいつも大きな都市開発が行われてきたパリは，研究論文にふさわしい主題であった。その研究結果は，1967年5月，ニューヨーク大学芸術研究所で開かれたウォルター・W・S・クックの同窓会講演において，「オースマンのパリ再訪」というタイトルで初めて発表された。この研究所では，ある匿名の人物からの高額な遺贈金を利用して，これらの講演を出版する習わしとなっている。筆者，編者，出版者は，現在のシリーズにこの巻を加えることを許可し，よって広く一般読者の目に触れる機会が与えられたことに対して，研究所ならびに所長のクレイブ・ヒュー・スミス氏に謝意を表する。

図版の入手に際しては，出版者ならびに助手の方々の多大なるご尽力に，感謝の意を表します。また，このシリーズをまとめている精力的な監修者ジョージ・R・コリンズ氏には，その的確な判断で，最も価値ある援助，すなわち建設的意見を迷える筆者に数多く与えてくださったことに，心から感謝致します。

ペンシルヴァニア州ピッツバーグ
カーネギー・メロン大学
ハワード・サールマン

目　次

序論	9
パリ改造（1852―1870 年）	21
街路	21
建物・政治・美観	23
公園と遊歩道	26
公共事業	27
資金	28
歴史的評価：1	44
中世のパリ	48
1500 年からナポレオン 3 世までのパリ	64
歴史的評価：2	102
オースマン以後のパリ	115
原注	117
参考文献	121
図版出典リスト	123
訳者あとがき	124
索引	125

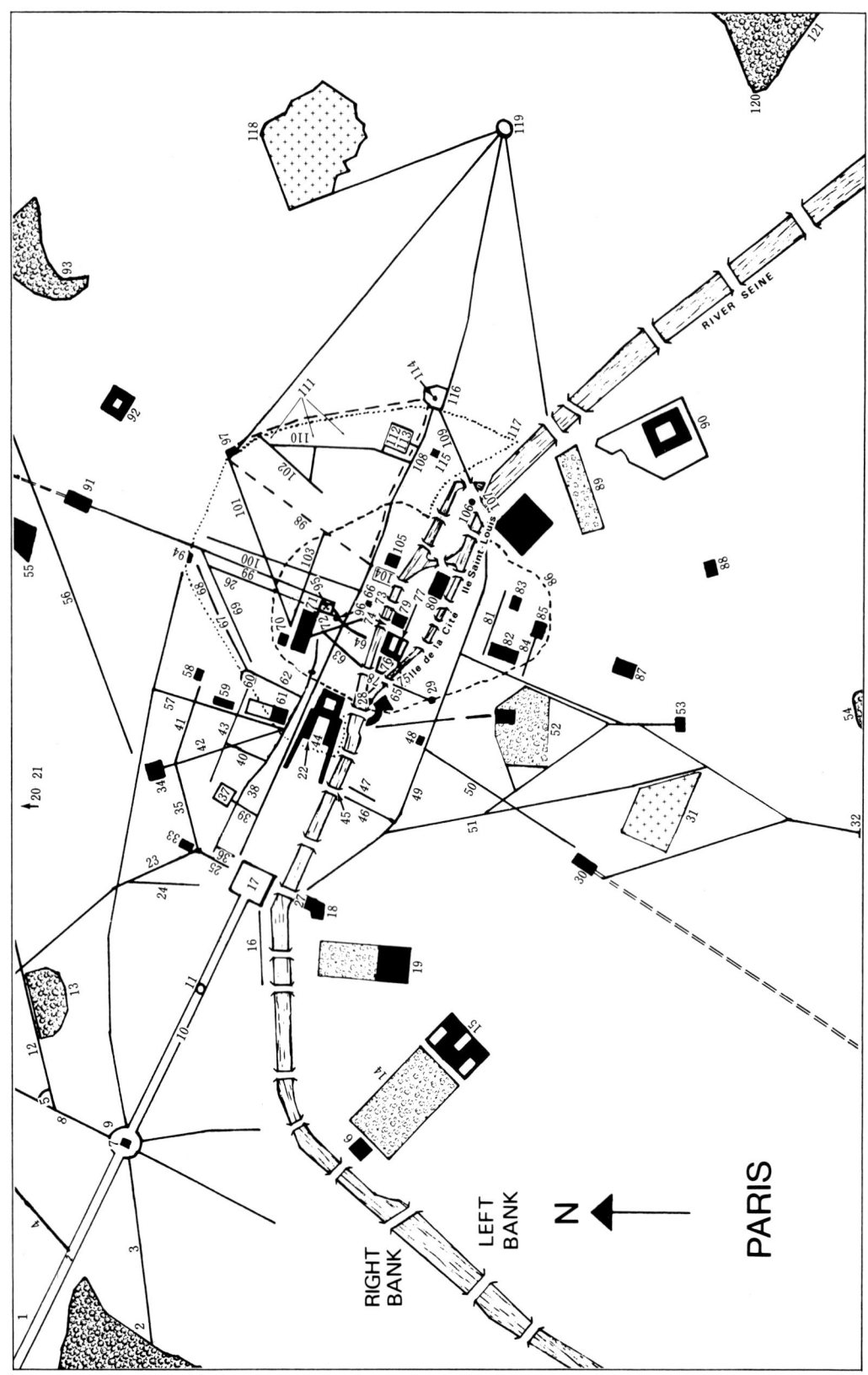

パリ概略図

1 ニューイイ
2 ブローニュの森
3 フォッシュ通り(旧皇后通り)
4 ペレー広場
5 テルネ通り
6 エッフェル塔
7 凱旋門
8 ワグラム通り
9 エトワール広場(シャルル・ド・ゴール広場)
10 シャンゼリゼ通り
11 ロン・ポワン
12 クルセール通り
13 シャンゼリゼ公園
14 シャン・ド・マルス
15 陸軍士官学校
16 女王の散歩道
17 コンコルド広場
18 ブルボン宮(国民議会)
19 アンヴァリッド館
20 パテニョール地区
21 モンマルトル墓地
22 カンブロンヌ・ヴォジラール病院
23 マレンシェルベス大通り
24 アンジュ通り
25 ロワイヤル通り
26 サン・ド・ロレット通り
27 コンコルド橋
28 ネスル塔跡
29 ピュル門跡
30 モンパルナス駅
31 モンパルナス墓地
32 オルレアン門
33 サンレーヌ聖堂
34 オペラ座
35 マドレーヌ大通り
36 サン・フロランタン通り
37 ヴァンドーム広場
38 サン・トノレ通り
39 キャスティリオーネ通り
40 ピラミッド通り
41 9月4日通り

42 オペラ座通り(旧ナポレオン3世通り)
43 プティ・シャン通り
44 ルーヴル宮
45 ロワイヤル通り
46 バク通り
47 ボーヌ通り
48 サン・ジェルマン・デ・プレ
49 サン・ジェルマン通り
50 レンヌ通り
51 ラスパイユ大通り
52 リュクサンブール宮と庭園
53 天文台
54 モンスリー公園
55 北駅
56 ラファイエット通り
57 リシュリュー通り
58 株式取引所
59 国立図書館(マザラン宮殿内)
60 ヴィクトワール広場
61 パレ・ロワイヤル
62 クロワ・デ・プティ・シャン通り
63 ボワ・ヌフ通り
64 ラヴァンディエール通り
65 ドーフィーヌ通り
66 リヴォリ通り
67 マイエ通り
68 クレリー通り
69 ブティル橋
70 サン・トゥスタッシュ聖堂
71 レ・ブル(中央市場)
72 中央市場通り
73 サン・ジャック塔
74 シャンジュ橋(両替橋)
75 パレ・ド・ジュスティス(裁判所)
76 サント・シャペル
77 サン・ミシェル橋
78 ポン・ヌフ橋
79 商事裁判所
80 ノートル・ダム大聖堂
81 エコール通り
82 ソルボンヌ

83 エコール・ポリテクニック 理工科大学
84 スフロ通り
85 パンテオン(サント・ジュヌヴィエーヴ聖堂)
86 フィリップ・オーギュスト時代の市壁道跡
87 ヴァルップ・ド・グラース修道院
88 ゴブラン織工場
89 植物園
90 サルペトリエール病院
91 東駅
92 ビュット・ショーモン公園
93 サン・トノレ門
94 サン・ドニ門
95 サン・イノサン墓地
96 サン・オルナチュヌの廻廊跡
97 タンプル門跡
98 境界線:16、17世紀のマレ地区
99 セバストポル大通り
100 サン・マルタン通り
101 チュルビゴ通り
102 シャルロット通り
103 トゥールヌワーズ通り
104 クレーヴ広場
105 市庁舎
106 プレトンヴィリエ館跡
107 シュリ橋
108 サン・タントワーヌ通り
109 アンリ4世大通り
110 チュレーヌ通り
111 フランス広場計画地
112 ロワイヤル広場
113 トゥールネル館跡
114 バスティーユの柱
115 トゥールネル館跡
116 サン・タントワーヌ門跡
117 シャルル5世時代の市壁跡
118 ペール・ラシェーズ墓地
119 ナシオン広場
120 ヴァンセンヌの森
121 グラヴェルの丘

序　論

今から100年前，ナポレオン3世のブルジョア帝国は終焉(しゅうえん)のときを迎えようとしていた。当時は，18世紀末に起こった社会・政治・産業革命の成果を国力高揚の手段に変える能力をもった指導者によって，国の運命が決まるという時代であった。ナポレオン1世の野望は，急速に工業化が進み，社会的にも政治的にも発展し，一大世界勢力として台頭しつつあったイギリスによって，ほとんど阻まれていた。その後，新たに統合し，強大な工業力を持ったドイツによるナポレオン帝国の敗北（図2）は，それほどドラマティックではないにしても，ヨーロッパの将来に決定的な影響を与えた点では同様であった。力の均衡は音をたてて崩れ，次代に不吉な結果を招くこととなった。

18世紀末から19世紀初頭にかけて，新興国アメリカ合衆国や，フランス，イギリス，南アメリカ，その他の国々で起こった政治的大変革は，本質的にはブルジョア革命であった。ブルジョア階級が革命を指導し，権力を握り，体制を維持した。"ラ・マルセイエーズ"を歌いながらパリにたどり着いた農夫には，そうした情況が，すぐには理解できなかったのではないだろうか。だが，彼らはパリに来たからには，そこに踏みとどまり，ブルジョア階級の作った最新式装置の並ぶ工場や店で，旧職工階級とともに働かざるを得なかった。

その名から言っても，定義から言っても，また伝統から言っても，ブルジョアは都市の産物であった。封建時代に生まれた貴族階級と，そしてまた生産や貿易を抑制したために都市開発をも制限してしまった法律や特権制度を，神学上の命令で容認してきた教会に対して，時には従順に従い時には反抗しながら都市はブルジョアを作り出した。結局，大ブルジョア革命は，11世紀に都市での生産や貿易が復活して以来，ヨーロッパで行われていた都市対田園の長い闘争に決定的な一撃を与えた。都市が勝利を得たのであった。

これまでの秩序を支えてきた社会的，政治的，法律的基盤をすっかり破壊してしまった革命は，新しい社会を形成するための青写真を描く理論家やプランナーを，またそれを実行に移せる意志の堅い遂行者を必要とした。18世紀は理論家にも行動家にも事欠かない時代だった。ヴォルテール，ディドロ，ルソー，ジェファーソン，ハミルトン，アダム・スミスは，哲学，政治，経済の全体像を描いた。すなわち，簡単に言えば，人間は神の創造物である。だが，そうした創造物でありながらも，理性を持った生物として人間は合理的な形式や方法

で環境を作ることができる。また，権限を委任された人の，人民による，人民のための政治によって，自分を律することができる。すべての人間は平等に創られた。人間は，良きにつけ悪しきにつけ，理性の力で自分の運命を自由に選び，形作ることができる。法の範囲内で行動し，思いのままに創造し，所有する権利，作った物，獲得した物を売却する権利は，奪うことのできない権利だった。

ナポレオン1世率いる革命軍は，ヨーロッパ全体に新体制を実現したのであった。フランスのルドゥー，ブーレ，デュラン，ペルシェ，フォンテーヌ，ドイツのシンケル，ゲルトナー，クレンツ，フリードリッヒ・ワインブレナー，イギリスのジョン・ナッシュ，そしてもちろんアメリカのトーマス・ジェファーソンなどはみな，建築の面で革命に貢献した。

新興市民の規定する主人としての国家は，日の出の勢いにあった。ルイ14世でさえ夢見たほどの多くの特権が与えられていた。中流階級を指揮下に従えている商人階級にとって，都市生活に必要なものは，要求すれば緊急のものとして手に入れることができた。

新秩序には，それにふさわしい新しい骨組みが必要だった。都市の核の部分で中世，ルネッサンス，バロック時代から残っていたものは（非常に多かったのだが），そのままでは新時代には適合しなかった。より多くの，より大きな建物が，立法・司法・行政機関のために必要な時代であった。屋内市場や街頭市場のような公益事業の建物，病院，刑務所，学校，各種の研究所，そしてさらに，常駐国民軍用兵舎などがもっと必要だった。台頭してきた中流階級向けの新しい住宅に対する需要も生まれた。新しい公共劇場，オペラハウスは，これまで芸術を育ててきた貴族的な豪華な劇場とは別のものであった。また美術館は，美しいものを楽しむためだけでなく，愛国心の発揚という観点からも設計された。彫刻陳列室は新美術館の誇りで，そこには豪華な白いトーガをまとった古今の英雄が陳列された。たとえば，カール・フリードリッヒ・シンケルによるベルリン美術館，レオ・フォン・クレンツによるミュンヘンの彫刻館，またラファエル・スターンによりヴァティカン美術館に新築された翼棟(ウイング)などがその例であった。

18世紀，ドイツの小さな属国バーデンの首都カールスルーエは（19世紀初頭の20年間にワインブレナーによって拡張されたのだが），いわゆる"ブルジョア革命の理想都市"（図3，4）としての唯一完璧な例である。中央大通りや，幾何学的に整然と並んだ広場には市場がたち，市庁舎，各宗派の教会，さらにゲットーから解放されたばかりのユダヤ人の会堂(シナゴーグ)さえあった。また，劇場，オペラハウス，美術館，兵舎，さらに（中流階級とつき合っていた）皇太子の宮殿から，裏通りの小さな店や家に至るまで，大きさや質もさまざまな家々が並ん

でいた。

革新的なプランナーたちは，新秩序の都市にとって必要ないくつかの要素を視覚化していったが，それによって生じた変化の最も重大な結果を予想していなかった（おそらく予想できなかったのだろう）。それは産業革命以後の莫大な人口増加であった。カールスルーエのプランは，革命直後の都市計画の特徴を，比較的小規模ながらも，ほとんどすべてにわたって表している。ジェファーソンのような新鋭のプランナーたちの理想とする都市は，職工，農夫，小工場主の造り出す製品の取引きを基盤にした中流階段がその主役であるにしても，都市の規模は適当な範囲内にとどめておく，ということだったようだ。

一方，蒸気機関など新たな発明によって，工業，農業が機械化されることにより，生産者には，生活を高尚にする芸術や科学を楽しむゆとりが生まれることだろう。ルドゥーによるショーの工業都市計画（図5，6）ほど，楽天的な考え方を示しているものはない。そこでは，煙やほこりはほとんど問題にされず，外縁部には，肉体的精神的向上を目指したとっぴな計画が提案されていた。鉄工場の溶鉱炉は，機能的というより象徴的存在のようだ。人口密度は最小限に抑えられていた。

これら一連の計画は，結局のところ，まったく別の姿になってしまったのだが，それを予測できなかったといって，18世紀末の都市計画家をあまり責めることはできない。機械化により生産性が一段と高まり，機械のおかげで生活費を稼ぐ人々が増加した。1850年までに都市人口は倍増した。13世紀におこった，急激な都市膨張以来の，まれにみる大増加であった[1]。それとともに，前例のないほどの大きな社会問題が続々と起こっていた。生産規模や人口の増加に対して設備の不十分な都市で，次々と建てられていく粗末な住宅，超過密，疫病，驚くほどの死亡率。過ぎ去った時代と現在とをくらべるとその差はあまりにも大きく，見過ごすことができなかった。簡単な解決法があるようにも思えず，イギリスやヨーロッパのロマン主義者はこぞって，新中世主義的田園生活を目指すことによって反応を示した。これは問題を避けることによって，問題の解決にあたっているようなものであった。だが，確固たる対応策はなんとしても必要であった。そこで実務家たちは他の方法を検討して問題解決にあたらねばならず，またそうしなければ，政治権力争いに敗れたことだろう。

急成長した都市問題に対する解決策として，19世紀で最も影響力が大きかったのは，ナポレオン3世のパリ改造計画（図7）であり，彼の忠実な助手として実際に取り仕切ったのが，セーヌ県知事，ジョルジュ・ユージェヌ・オースマン男爵（1809―1891）であった。

計画の一部はすでに第2帝政以前に存在し，ナポレオン3世自身が幹線道路や

1 巻末原注を参照のこと（以下も同様）。

公園の基本構想を作った。しかし，オースマンは新しい上下水道方式のような重要な付帯事業を加えていくだけでなく，その入り組んだ計画の実施と，複雑な財政の管理を行った。そのうえ，完成した事業の中でも都市の美観に関わる部分の多くを彼が手がけたことから，オースマンのパリ計画について述べる方が便利でもあり，また至当な判断といえる。

当時の話は，まず第一にオースマン自身によって，「追想録」の中で繰り返し語られている。この3冊の本は，彼が公職からやむなく引退させられた後に書かれ，1890～1893年に出版された。個人的な弁解，政治への郷愁，そして当然のことながら若干の自己満足の混じり合ったオースマンの回想録は，基本的なデータではあるが，彼の仕事や時代に対する決定的評価は，同時代の資料をもっと広く把握したうえで確立されねばならない。

ピンクニイのやり方がそうであった。彼はオースマンの事業の政治的側面，財政面，技術面を細かく分析したのである[2]。オースマンの協力者であったアドルフ・アルファンとユージェヌ・ベルグランは，歴史的にも意義のある本を出版しているが，その中で，彼ら自身がそれぞれ新しい公園の建設と巨大な上下水道方式の建設に貢献した事実を立証している[3]。

第1ナポレオン帝政以後，19世紀のフランスは，政治的選択の自由が大幅に認められていた。一方には，旧体制派の君主制主義者たちが，政治や産業の変化がもたらした決定的な結果を認めようとせず，世襲制に価値をおく君主の庇護の下に，古い秩序の回復を夢見ていた。彼らが政治に期待するものは小さく，結局は没落することは目に見えていた。

もう一方には，社会主義者の急進派が，共和政治を根本的な社会改造の単なる第一段階として見ていた。そして彼らは，その過程を踏まずには，正義，平等，兄弟愛といった革命の理想は実現されないと考えていた。彼らは政治的には，産業革命に育てられながら，その結果出現した政治体制（共和制であれ立憲君主制であれ）からは巧妙に無視され抑圧されてきた都市の無産階級（プロレタリアート）に大いに期待していた。だが彼らの見通しを暗くしていたのは，プロレタリア階級が現体制転覆といった急進的考えよりも，目先の利益の増加に関心を示していたことだった。

この両極端の間に立つのが大多数のフランス人，すなわち自立した農夫，パリや各地の小事業主，そして台頭してきた生産企業家たちであった。この多数派が一丸となって，1789年の革命以来中産階級（ブルジョア）が求めた政治・社会・経済上の要求の達成を求めた。というのは，ナポレオン戦争の余波で，その実現が遅れていたからである。

保守と反動に明けくれていた復活ブルボン王朝が，1830年7月革命で滅亡した後，続くルイ・フィリップの立憲君主制では，中流階級の政治的安定と，経済

成長を低めにおさえる政策がとられた。7月君主制（1830—1848）の時代に着工，促進された鉄道建設のおかげで，工業生産物が全国各地に流通し，労働者たちは地方から発展する首都へと移動していった（図8）。だが，都市の商店主や地方の小市民階級（プチブルジョア）は別として，パリやその他リヨン，マルセイユ，ボルドーのような発展途上の地方都市では，急速にのし上がってきた中流上層階級の工場経営者，精力的な商人，恐れ知らずの金融業者などは，この保守的な政治体制の経済・財政政策によって，次第に締めつけが強化されていくのを感じていた。

1850年のパリは，力をつけてきた中流上層階級が憧れた生活様式や活動のペースにふさわしいものではなかった（図12）。7月君主制では，都市改造に向けてほんの2，3歩を踏み出したに過ぎなかったが，なかでも唯一の重要な貢献は，東部地区と市場（レ・アレ）を結ぶ，比較的短いランビュトー通りの建設だった。また新鉄道駅（図9）が当時のパリの外縁部に建設されたのは，ごく当然のことではあったが，そこから市の中心部へは，編目のように密集した旧市街を抜けていかねばならなかった。そして旧市街を破壊するには強引な主導権が必要とされたが，1830年の政府には，まだそれだけの力はなかった。高まりつつあった都市労働者の不平不満に加えて，中流上層階級の不満は，遂にルイ・フィリップ君主制の崩壊を決定的なものとした。

1848年に革命が起こったとき，先頭に立ったのはパリのプロレタリア階級であった（図10）。急進的指導者が目標としていたのは，共和政治の再建というより，社会主義社会を再組織することであった。大多数のフランス人にはそのような野望はなかったので，急進派の活動はすぐさま無惨な結果に終わってしまった。

一方フランスには，その将来を普通民主主義の点から考えるのでもなければ，小市民階級（プチブルジョア）の好きな限定議会政治の点から考えるのでもない人々がいた。科学の進歩，産業の発展，通商の拡大をひたすら信頼し，それをクロード・アンリ・ド・サンシモン伯爵の赤字財政経済に当てはめて考えていた種々雑多な人々，工業経営者，財政管理者，軍人，ジャーナリスト，政府行政官などは，過ぎ去ったナポレオン栄光の日々，自信に満ち，いつでも強大な主導権を発揮できた時代のフランスのロマンティックな香りに浸っていた。このような帝政主義者によく見られる強さと弱さの両面をあますところなく体現したのが，故ボナパルドの甥（おい），ルイ・ナポレオン（ナポレオン3世，1808—1873，図11）であった。ブルボンおよびオルレアン体制の下で投獄，流刑の数10年を過した後，彼の運命の星は，1848年の革命ののち，中流上層階級の期待が高まるにつれてその明るさを増していった。彼は，1848年共和制での大統領選挙，1852年のクーデター，第2帝政の宣言と，遠大なる変革へ向けて，着実に政治舞台を造り上

げていったのであった。

ジョルジュ・ユージェヌ・オースマンはこの新体制にお誂え向きの人物だった。アルザス地方のプロテスタントの血を引く彼は，1809年パリで，ナポレオン軍将校の息子として生まれた。母方の祖父，ジョルジュ・デンツェル将軍（1809年ウィーンの軍司令官）に対する好意から，ナポレオンの継子ユージェヌ・ボーアルネ王子が彼の名付け親となった。この帝政主義者の子供時代は彼にとって忘れられない思い出として残った。

彼の父が復活ブルボン朝に反対する穏健派に属していたころ，ジョルジュはアンリ4世大学およびブルボン大学で学び，1831年には法律学校(エコール・ド・ドロワ)で法学博士号をとった。法学部に在学中，彼はアマチュア楽器奏者として音楽に親しみ，当時，ベルリオーズがルイジ・ケルビーニの生徒として学んでいたコンセルバトワールの講義を受けたりした。だがそのころわずかに示した芸術への興味は，彼のその後の生涯にほとんど影響を与えなかったようである。また，法学部に在籍中，彼は1830年7月の革命にほんの少し参加し，国王軍との小競り合いで軽いけがをした。1831年，出世とは程遠い行政機関に入り，フランス西部，中部でさして重要でないポストを渡り歩いた。保守的なオルレアン体制の下では，彼は華々しく出世するどころではなかった。17年後に君主制が崩壊したとき，彼はボルドー近くのブライエ県の副知事であった。

彼が下級官吏を務めていた年月の間に，その持ち前の性格は一層強くなっていった。飽くことのない野心，不屈の自信，政府役人に固有の権力主義，議会政治に必要な政治的妥協に対する嫌悪感，複雑多岐にわたる政治問題を簡単明瞭に分類してしまう能力，そうして彼が実行しようと決めた事業の利益に関して，ためらいや疑いをまったく持たないこと。彼の最大の欠点は，外交的妥協を求める能力がほとんどないこと，上役の善意に過度に頼り過ぎることであった。これらの欠点は，初めのうちこそ，彼の長所とともに，ルイ・ナポレオンや内務大臣ペルシーニ公爵にとって好ましいものであったが，結局はそれがオースマンの政治的失脚を早めたものであった。

1848年の選挙の際，ジロンデ県でのナポレオン3世の圧勝に力を貸した後，オースマンは遂に県知事に就任し，バール，ヨンヌ，ジロンデ各県で成功を収めた。1852年，ナポレオンが第2帝政をボルドーで宣言したとき，彼はそこの知事を務めていた。そして1853年，彼はセーヌ県知事に任命されパリ改造の仕事についたのである。

図1 パリ改造計画について話し合うナポレオン3世(左)とジョルジュ・ユージェヌ・オースマン男爵(パリ市役所内歴史図書館)

図2 1870年,パリに侵攻するドイツ軍("ユリウス・エーレトラウトの版画, Illustrierte Zeitung für Volk und Heer)

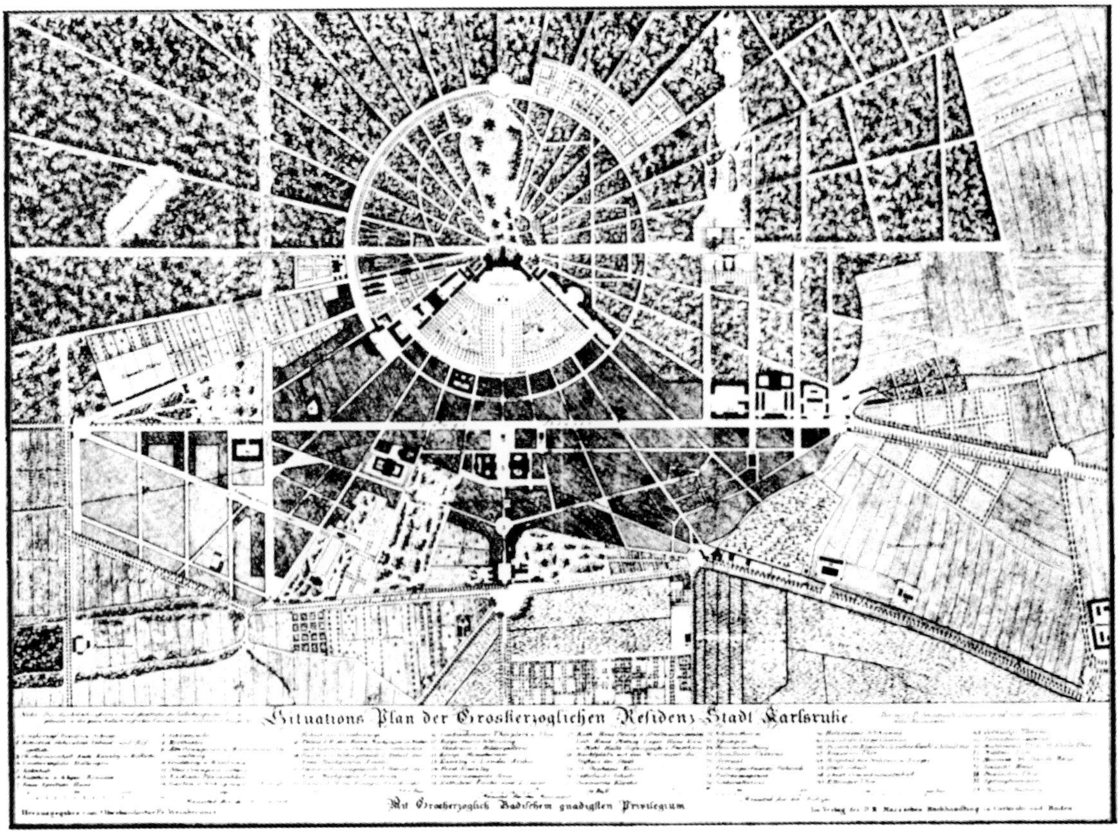

図3 カールスルーエ，1822年の計画

図4 エトリングの門（倒壊）のあるカールスルーエのロンデル広場。規模が小さいのはブルジュア革命の理想都市の特徴である。

図5 クロード・ニコラ・ルドゥー：ショーの理想都市遠景。中心に製塩所，それを輪(リング)状に取り囲む庭付きの家。外側は各種の公共施設（ルドゥー，「L'Architecture considerée sour le rapport de」(1804年) より）

図6 クロード・ニコラ・ルドゥー：ショー近くの大砲鋳造所（ルドゥー，「l'art, des moeurs et de la legislalion」(1804年) より）

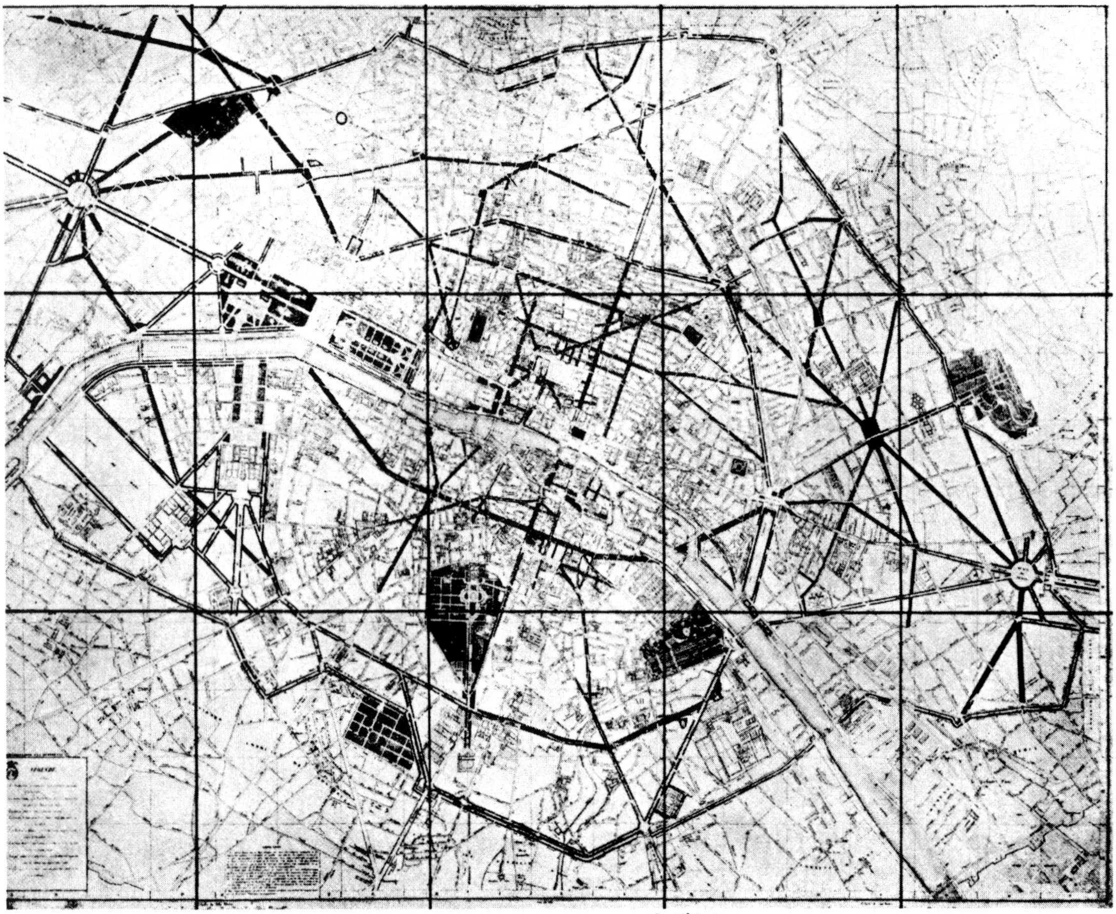

図7 ナポレオン3世によるパリの地図。1852年ごろ。黒い線は新しい大通り(ブールヴァール)計画を示す。

図8 サン・ラザレ駅のトンネル。プラットフォームは右側(テクシエの「タブロー・ド・パリ」(1852年)より)

図9 ストラスブール鉄道のパリ終着駅（現在の東駅）。上は正面，下は裏側（テクシエより）

図10 1848年の革命の際のサン・タントワーヌ通りの戦い（国立図書館）

図11 ナポレオン3世。1850年ごろ（ナダー撮影）

図12 サン・ルイ・アン・リール聖堂の鐘楼から北西にパリを望む。1852年。市庁舎は鐘楼の右手(テクシエより)

パリ改造（1852年—1870年）

ナポレオン3世とオースマンの行った大改造計画は，相互に関連し合う4つの部分，すなわち，街路，建物，公園，公共事業から成っている。それぞれ個別に考察する必要がある。

街　路

これまでに行われてきたパリの改造ではいつも，既存の都市構造に何かをつけ加えていく方法がとられていた(p. 48〜49)。ナポレオン3世の考えた都市改造は，市内に縦横に街路を建設することで，これまでとは根本的に異なった方法であった。おそらく1666年の大火の後の，レンによるロンドン再建計画(図13)をヒントにしたのであろうが，それはすでに19世紀初頭に，ジョン・ナッシュのリージェント・ストリート計画で，慎重に実施されていた[4]。

7月君主制の下で建設されたランビュトー通りは，パリ市民がこの方向に向かって，こわごわと踏み出した第一歩であった（図14）。1853年，ナポレオン3世がオースマンに大要を示した幹線道路網計画（市内地図上に，緊急度によって，色別に塗り別けられている）は，この新しい方式を19世紀半ばの時点にとどまらず将来の要求にまで拡大したものだった（図7，15）。

これらの街路には二重の役割があった。両方ともそれなりの存在理由があり，一つは，中流上層階級の新しい豊かな生活水準に応じて，買物を楽しむための場所であり，また優雅な生活としての，散策，屋外カフェやレストランでの社交の舞台であった。もう一つは，ナポレオン3世のような進歩的な考えを持った19世紀半ばの人間が，市内の重要地点とみなす場所を相互に結ぶための通路であった（図16，17）。

つなぎとしての街路の機能には2つの重要な点があった。まずそれらの新しい街路によって，当時の市の外縁部にあった鉄道駅から，中央の重要地点（政府建物，中央市場，病院，ビジネス地区や歓楽街）へ短時間で到達できるようになった。ついで，中央の行政，商業施設（消防署，機動隊，救急車，デパート配達）を市内の各地区の中心と結んだ。このような幹線道路が2本あるいはそれ以上に交差しているところは交通の要所となり，活発な都市活動の中心となるのは明らかだった。

以上のような考えから，新街路の位置や方向が決定された（図15）。リヴォリ通りをサン・タントワーヌ通りまで延長したことにより，エトワール広場からバスティーユ広場まで，市内を横切る東西の軸が開通したが，これはすでにオースマン行政以前に着手されていた。

そして次には，南北を結ぶ大通りを，旧サン・マルタン通りとサン・ドニ通りの間にある東駅から，南方向に，シテ島を横切り，左岸へ渡り，リュクサンブール庭園の端まで延ばしていった。そこからリュクサンブール宮殿の軸線上に短い幹線道路が天文台へ向かっていた。第2の南北路，レンヌ通りは，市の南端にあるモンパルナス駅と，左岸の中心サン・ジェルマン・デ・プレの古い修道院とを結んだ。ルイ14世によって取り壊された市壁の線に沿い，コンコルド広場からバスティーユまで迂回している既存の大通りは，サン・ジェルマン大通りの建設によって，市内環状線に変わった。そのサン・ジェルマン大通りはまた左岸の主要東西ルートでもあった。

ナポレオン通り（現在のオペラ座通り）やチュルビゴ通りのような斜めの街路は，既存のあるいはこれから建設される重要地点（ルーヴル美術館，オペラ座，中央市場など）を結ぶことになっていた。主要幹線道路から離れたところにある重要公共施設は，準幹線街路でおもな大通りと結んでいる（市場通り，ポンヌフ通り，エコール通り，スフロ通り，9月4日通りなど）。外周大通りは，第2帝政下では部分的に完成されたに過ぎないが，外郭環状線を形成し，新たな二次道路網を張りめぐらせて，おもな市壁外の村（フォーブール）との往来を容易にしている。東部ではナシオン広場を中心に，道路が三角状に集まっている。西部では，放射状の街路がエトワール広場を中心につくられた。北部では，ラファイエット通り（一部は19世紀初期にできたもの）が，オペラ座の交差点と北駅および東駅とを結び，そのまま北東に向かって市外へ抜けていた。南部には，ラスパイユ大通りが，サン・ジェルマン大通りの西端とオルレアン門を結んだ。北西部には，マレシェルベス大通りが，外縁地域と，サン・トノレ通りとロワイヤル通りとの交差点周辺の商業地区とを結んだ。

旧市街地を貫通するこれらの新街路をつくるためには，個人の土地建物を広範囲にわたって収用し，取り壊す必要があった。この重大な局面を切り抜けるには，きわめて正確なパリの縮尺図なしには不可能であった。漸次増殖を繰り返して成長してきたパリには，そのような図面は必要でなく，それまでに作られたこともなかった。オースマンにはそれが必要だった。そこで彼はいつもながらの実行力を発揮して，信頼のおける主任測量士デシャンの下に，パリ計画委員会を発足させた。町の周囲には塔が建てられ，計画に必要な測量が，三角測量法によって実施された。それは1年がかりの仕事であった。

建物・政治・美観

オースマンが行政官として成功したのは，在任当時の複雑な行政府の仕事を，性格のはっきりした実現可能な計画に的を絞っていく才能があったからである。もしも，彼が政府の要職の立場から，さまざまな階層の社会的，政治的，文化的要求を満たすことにもっと深くかかわっていたならば，彼はパリの壮大な計画の実現に，これほど大きな成功を収めることはなかっただろう。そうした要求にかかわれば，あらゆる政治的レベルで，ギブ・アンド・テイクの関係が要求され，その結果生じる政治的妥協のために，思い切った解決法をとることは困難であっただろう。宗教色のない学校に加え，宗派の学校も公営にするという形で，教会に譲歩したことを除けば，第2帝政はこの種の政治的なテクニックを，ほとんど使う必要はなかった。ナポレオン3世とオースマンによって描かれた新しいパリは，何にもまして第2帝政そのものが象徴している政治的利益に役立つ都市でなければならず，また経済的自由主義と政治的保守主義を結びつけている社会の特質が，為政者にはできるだけ多く見てとれるような，そんな都市でなければならなかった。

もしも，第2帝政の刺激策により急成長した経済が，新しい仕事を数多く提供し，都市に流入してきた農民たちを満足させ，争議など起こることがなければ，これほど結構なことはなかった。もしも，公立学校制度の拡大，広大な公園，新設の下水道設備，保養・レクリエーション施設の改善など，公共の利益が中流下層階級や労働階級にも浸透していったのならば，多少事情は違っていただろう。もしも，(1864年に認可された)労働組合が産業界の平和を保つのに役立ったのなら，またそれはそれでよかった。しかし，これらの利益はすべて，まず第一に，権力を握った中流上層階級の必要と目的に合わせた総合計画のもたらしたものであった。

オースマンの"都市の美学"とは，この基本的な理想像を表したものに過ぎなかった。鉄道駅，商事裁判所，(民営の)ルーヴル館，シャルル・ガルニエの新オペラハウス，市庁舎，大聖堂，旧サン・ジェルマン・デ・プレ修道院などの主要な建物を，視覚的にも機能的にも中心にすえたことは，都市に対する単純な概念化を試みた結果である。そうすることによって，オースマンのような官僚が19世紀半ばの複雑化した都市生活に折合いをつけ，また彼らが新しい産業化社会を実際に統治し，そこから起こる諸問題を完全には解決しないまでも，うまく処理していけるという自信や楽観的な確信を得たのであった。

主要建築物を広い街路で結び(図16)，また小さな建物の複合体の上に，記念碑的な形態を重ねていくという基本的な概念は，バロック時代に前例が見られる。特にレンのプランでは，ところどころ，"星型"広場で分断された幹線街路が，

セント・ポール寺院をロンドン取引所およびロンドン塔と結び，一方，同様な道路がロンドン取引所を中心に，ロンドン橋や主要塔門から集まってきている（図13）。この古いバロックの概念は，第2帝政下のパリで適用されたとき，新しい意味合いを帯びたのである。

新しいパリでも機能的な建物や象徴的な建物がすでにいくつかは存在していた（鉄道駅，議会，パリ株式取引所，マドレーヌ聖堂からロワイヤル通りにかけての複合体，パンテオン宮殿，ノートル・ダム大聖堂，拡張された市庁舎，凱旋門，バスティーユの円柱など）。その他に，これから建設あるいは再建されるものがあった（中央市場，省庁の建物，裁判所，病院，新オペラハウス，新兵舎，消防署，警察署，宗派，無宗派を問わず公立学校，成長していく都市の新旧の行政区のための区役所，劇場など）。その他にもまだ，ルーヴル美術館，大学，パリ裁判所のような建物は，新しい機能に合わせた施設の拡張が必要であった。凱旋門，ノートル・ダム大聖堂，旧サン・ジャック・ラ・ブーシュリー教会の塔の一部（サン・ジャック塔）のような既存の建築物は，幾何学的に整えられたオープンスペースの中で，周囲を第2帝政の公共建物やアパート群に囲まれて，孤立してしまった。

さまざまな規模の重要な建物や記念碑の近くに大通りを並べていくというオースマンの趣味は，よく議論の的となっている[5]。正常でないとヤリ玉にあげられるのは，商事裁判所の無意味なドームで（図18），サバストポル大通りが行き止りに見えるような効果を多少なりとも出すために，意図的に建物の西側に移されたことである。あるいはまた，バスティーユの円柱とパンテオンのドームを両端にして，アンリ4世大通りとシュリ橋を一直線上に並べたことである。だが実際は，アンリ4世大通りはパンテオンまで延びず，左岸の際で西へそれ，サン・ジェルマン大通りになっている。

小規模複合建築群から巨大な単体建築物への改造は，シテ島で徹底的に行われた（図18，20）。1853年から1870年までの間に，オースマンは騒々しかった旧市街——すなわち，20もの教会や修道院があり，およそ1万4000人の住民が住み，聖堂や旧宮殿の間を道路や路地や岸壁が網の目のように縦横に走っていたところ——を，巨大な裁判所（旧王宮内に建設），商事裁判所，中央病院（パリ市立病院），大聖堂（以前のような回廊もなければ大司教邸もなく完全に孤立していた），そして数棟の大兵舎（そのうちの一つは後に警視庁となった）などが集まる公共機関に変えた。

住宅街はほんの一部が，島の北東部に残された。ドーフィーヌ広場（p.64～66参照）は，東側に裁判所の大きな新翼が張り出し，三角形の角が欠けてしまったものの，島の西端部に残っていた。ポン・ヌフ橋も，町の中心にある第2の主要東西路との交点として，これまで以上に必要欠くべからざるものとなって

残された。ノートル・ダム大聖堂は，ユージェヌ・エマニュエル・ヴィオレ・ル・デュクにより徹底的に修復され，前面に広大な長方形のパルヴィス広場，横から後側にかけては楽しい小公園を配することにより，従来の町とのつながりが弱いものとなった。そのため，ノートル・ダムは町の寺院という感じを失い，むしろ国家の記念碑的存在となった。そして，当時広まりつつあった過去のフランスへの懐古趣味は，主としてゴシック建築やパリの大聖堂等の歴史的建造物への関心となって現れたが，そのなかでもノートル・ダムは中心的存在であった（例えば，1831年に出版されたヴィクトル・ユゴーの「ノートル・ダムのせむし男」）。

このパリ改造が，建築的・彫刻的・絵画的に洗練されているかどうかは，2次的な問題であり，またルイ14世やルイ15世の時代に行われたような手法と比較することは，新時代の見方としては適切ではない。これは倹約というより，むしろ趣味の問題であった。というのは，拡張された市庁舎，ルーヴル美術館の新翼棟，また新オペラハウスの装飾のためには費用を惜しむことなく，当時最高の専門家が雇われた。F. J. デュバンによる美術学校（エコール・デ・ボザール）（1860—1862）の翼棟は卓越した作品であるし，アンリ・ラブルーストの国立図書館(1862—1868)の大きな閲覧室は傑作である。そして新ルーヴルのパビリオン（L. T. J. ヴィスコンティおよびH. M. ルヒュエル，1852—1857，図19）やガルニエのオペラハウスのようにいくぶん無造作につくられた豪華さの中に，ナポレオン3世の考える優雅や贅沢の本質が表れているのである。

オースマンの建築デザインの手法には特徴がある。困難なデザイン上の問題も見事な行政手腕で解決された。ナポレオン1世の時代以来，建築家は理工科学校（エコール・ポリテクニック）と美術学校（エコール・デ・ボザール）の両校で訓練を受けてきた。オースマンは明らかに技術面に秀でていた。公務員の地位と賃金外に臨時収入（ボーナス）のある建築部をうまく組織すれば最高の芸術家が集まると彼は確信していた。その部内で働いていた人々の芸術的才能は，ほとんど平均の域を出なかったにもかかわらず，芸術担当の部下に対するオースマンの官僚的支配が，時には思わぬよい結果をもたらすこともあった。

ヴィクトル・バルタールは，中央市場のパビリオンを積木の家のように設計し，その第1期工事に着手してしまった。その地区の住民は非常にがっかりして，その建物に「中央市場砦」とあだなを付けたほどであった。そしてその取壊しを余儀なくされたのだが，その後ナポレオン3世とオースマンの支援を得て，彼の最終案（図21）は，鉄構造利用の独創的なものに変わった。後に，彼はそれに対する賞讃を一人占めにしたのであった。

公園と遊歩道

ナポレオン3世は実務家や技術者を側近に抱えてはいたが，根はロマンティックな人間で，衝動的に何かに熱中するが，その後すぐに用心深い慎重居士となってしまう性癖があった。オースマンは，普段は何かにつけてパリ計画の構想を優先させることに熱心であったが，市のはずれに建設する広大な公園や中心部のあちこちにつくる各種の小公園については，あくまでも皇帝の計画にした。彼が公園にかかる費用の概算を出しているのをみれば，これは言訳がましく多少疑問のふしもある。しかし彼は，皇帝とは違って，このような公園が労働階級の公徳心の向上に決定的な影響を与えるだろうという高尚な幻想は持ち合わせていないことをはっきりと言っている。1890年にも，彼は当時を振り返りながら，そのような決定的な影響は認められないと述べている。だが，雑踏都市においては，伝染病を防ぐ手段として，新鮮な空気と太陽が必要であると確信する者のひとりとして，彼も，そのような緑地帯や，新大通り沿いに植樹された並木が，一つの目的を果たしたことをはっきりと認めていた。

事実，彼は有能な公園デザイナーであるアドルフ・アルファンが，困難を極める技術的問題を解決していくことに驚嘆の念を抱いていた。そして，実務家の彼は，人工池，洞穴，滝，温室，動物園などに必要な費用を正当化することが可能であるのを知っていた。すなわち，これらの施設は公園周辺の地価を上昇させ，市に入る税収入を増やすという点で，皇帝や市民を喜ばせていたからである。さらに営業権を与えられたサービス業者や娯楽業者からの税収入もあった。

元は貴族のための狩猟場であったブローニュの森がまず関心の的となった（図22—24）。湖と遊歩道，そしてすぐ近くにロンシャン競馬場（皇帝の義弟が会長をつとめる競馬クラブが隣接公有地に建設した）のあるブローニュの森は，現在でもなおパリで最も大きく，最も人気のある公園として残っている。いくらか規模は小さいが，同じ位の費用をかけた同じような公園が，東にヴァンセンヌの森（図25），北東にビュット・ショーモン公園，南にモンスーリ公園と建設された。一方，元のオルレアン領地を一新した北西部のモンソー公園は，オースマンの友人エミールとイサック・ペレイル兄弟のとりしきる不動産会社が開発した人気地区の目玉となっていた。

貧しい人々に対する皇帝の関心の深さがどの程度であったにしろ，新公園は実際的な政治という点では成功であったし，ナポレオン体制の長期にわたる業績の一つとなった。ナポレオンは戦略家として，また国際的な政治家としては物足りない面もあったが，老若男女階級を問わずフランス人が，何に喜ぶかを十分心得ていた。結局のところ，彼もまたひとりのフランス人であった。

公共事業

拡大していくパリは，公園には恵まれていたが，同時に照明，水道，下水設備（図26，28）を改善し，十分な墓地を確保する必要もあった。オースマンはガス灯を数多く設置した。だが普通なら技術的革新にはすぐ飛びつくはずの彼が，電灯を嫌い，その将来性を見抜くことができなかった。そのため1880年代にそれが導入された時には遺憾に思ったほどである。

オースマンの給水事業部主任のユージェヌ・ベルグランは，帝政時代に行われた大送水路および下水道建設について，独自にまとめた記録資料を残している。これこそ，オースマンの好みにぴったり合った，しかも彼の手腕を十分に発揮できる事業であり，その計画と実現は彼の不朽の業績の一つになっている。有能なベルグランの協力を得て，オースマンは160キロも離れたヨンヌ峡谷（図27），ヴァンヌ峡谷，デューイ峡谷の水源を開発し，ローマ時代以後空前の送水橋でその水をパリに送ることにより，市内の水道供給量を2倍以上に増やした。下水道設備も負けず劣らず立派なものである。道路下の細い下水管網は，重力作用によって長円形の大きな下水集合管に集められ，それによって市内全域からの汚水は北西方向に運ばれ，セーヌ下流のアスニエールで放流された（図29）。下水管は，維持管理を容易にするために，中に入れるようになっており，水力による強制排出装置で掃除することができた。オースマンは人間の汚物の除去という問題では，何ら新しい解決法を持っていなかったが，汚染をおそれて，汚物を下水管に流すことだけは絶対に許さなかった。それでも，彼のつくったパリは，道路に水溜りができることもなく，洪水の危険もかなり減少していたのである[6]。

オースマンは大規模な問題を機械的に解決していく傾向があったが，共同墓地問題の解決では，それで失敗していた。モンマルトル，ペレ・ラシエズ，およびモンパルナスにあったナポレオン1世時代の共同墓地は，建設当時はパリの境界線のすぐ外側にあったのだが，1860年に市域を拡大したときにその内側に含まれ，しかもすでに収容能力も限界に達していた。

オースマンはこれをまず第一に公衆衛生上の問題であるとし，適当な技術的解決法で乗り切れると考えていた。彼は，彼一流のやり方でベルグランを含む技術委員会を任命し，適当な場所探しをさせた。技術者が選んだ土地は，パリの北西約20キロにあるメリー・シュル・オアーズであった。パリ中の人々の利用する一大共同墓地を市と結ぶためには，特別の葬式列車を市内の3箇所の主要墓地から発車させなければならなかった。この〝墓地行き急行列車〟構想が人々に与える心理的な影響を十分に考慮しなかったオースマンは，大衆の抗議に出合って，自分が不用意であったことに気付いた。そして結局は，この問題に関しては何一つ実現に到らなかったのである。

資　金

"オースマンの見事な計画"（1867年にジュール・フェリーが，雑誌「時代」に発表した一連の反オースマン記事の皮肉たっぷりなタイトル[7]）という言葉は，帝政末期には，ごく普通の政治用語となっていた。そして，オースマンの政治的失脚を最終的にもたらしたのは，その金融政策であった。人間的に堕落しているという非難は彼には耐えがたかった。彼は野心にあふれ，傲慢で，実業界や官界の権力者の魔力に弱かったが，根は正直な人間だった。自尊心を傷つけられた彼は，寛大な皇帝との話し合いも拒否して，1870年初頭，突然辞任した。だが彼は，彼の擁立者がこうも早く没落するとはまったく予期していなかった。以後彼は，ほどほどの知事年金とわずかばかりの臨時収入で，20年の余生を過ごさなければならなかった。

1860年代の末に攻撃の的となっていたのは，オースマンの行為ではなく，第2帝政の政治，経済政策であった。ナポレオン3世は経済の不況時代に権力を握った。1852年のクーデターと帝政宣言は，景気を呼び戻すきっかけとなって，以後好況はゆうに20年以上も続いた。だがその帝国という機械は，信用貸しも混ざった不安定な状態で動いていた。言ってみれば赤字財政であり，保守的な銀行家や伝統的な経済学者には耐え難いものであった。

ケインズ卿の理論で教育を受けた現在の経済学者にとっては，人口や生産が急成長していく時代に，そのような国家主導の財政投融資策は，しごく当然のものであろう。だが，1850年代にそれが正当化されたのは，経済成長による市の税収入増加で，公共事業用に契約された長期負債が十分賄えるだろうとの見通しが立ったからであった。この考えは，ナポレオン3世を取り巻くサン・シモン派の学者の間ではすでに認められていたのだが，オースマンは自分がそれを考え出したと主張している（おそらくそうしたかったのだろう）。

商工業の急速な発展も同じような原理に基づいていた。ロス・チャイルド家のような保守的な銀行家は手を引き，代わってペレイル兄弟やその銀行，すなわち大小の投資家から集めた資本金で経営される動産銀行(クレジット・モビリエ)のような企業財政家の集団が台頭してきた。そして彼らの期待は十分に報われたのであった。

オースマンはその資金調達にあたって，一連の都市債券を一般大衆に売り出し，残りはリスクを恐れぬ銀行に引き受けさせることから始めた。議会の承認を得たこのような公債も，計上支出のほんの一部をカバーしたに過ぎなかった。そこで皇帝はある一定の資金で公共事業銀行(ケス・デ・トラボー)の設立を援助し，1億フランを限度に独自の公債を発行する権限を与えた。この流動負債は議会で承認されなかったが，この総額をはるかに越える費用がオースマンの計画委員会にかかってきた。彼はそれを捻出するために，議会の管理のまったくとどかないところで財政上の方策をとった。そして，そのことを数年間秘密にしていたため，実際に

は違法ではなかったにもかかわらず，それがオースマンの地位をきわめて危くしたのである。

取り交された契約書によると，請負業者は事業を行うだけでなく，収用された土地の補償金を支払うこと，簡単に言えば，その事業にかかるすべての財政負担をすることが義務付けられた。請負業者は，当然のことながら，数100万フランにも達する費用を賄うほどの資本を持っていなかった。銀行にしても，市の契約報償金だけを目当てに，請負業者にそんな大金を前貸しすることはなかった。

オースマンの考え出した資金繰りの方法は，ある事業を着工する前に，正式に"完成"と見なすことであった。この正規の手続きによって，市は請負業者に対し，契約総額を利子込みの割賦払いで支払う義務を負い，さもなければ市場性債券（いわゆる譲渡債券）を業者に渡さなければならなかった。請負業者がオースマンを仲立ちにして，政府の抵当銀行である不動産銀行（その頭取は皇帝のパリ計画に好意的だった）に，譲渡債券と交換に必要な資金の融資を頼むことは難しいことではなかった。債券を割り引いて受け取った銀行にしてみれば，市の債券は信用があり，危険も少なかったので，有利な取引きであった。

実際には，この操作は議会の正式な認可を受けずに巨額な流動負債を市に抱えさせたに過ぎなかった。請負業者が資金を借りたのであって，市は単に責任を負っただけだったからである。だが，着工前に，やむを得ず市に対する法律上の請求権を業者に与えるというやり方には，おおいに問題のあるところであった。オースマンはこの方法で，在職中にパリ改造に費した25億フランのうちの5億フランを調達したのだが，一方では通常経費を上回るほど増加した市税収入の剰余金でカバーされたのは，その総額のおよそ3分の1だけにすぎなかったこと（これがサン・シモン派の魔術）を考えると，なぜ政治問題化することになったのかがよくわかる。問題は単に，事業の全体像，特に送水橋や下水設備にかかる巨額の費用が的確に把握されなかったとか，できなかったということだけでなく，赤字財政によって刺激された経済成長が，同時に抑えがたいインフレを招いてしまったことである。

1852年以後の10年間に，あらゆる物価が急騰し，大建設事業の最終的費用は，最初の推定費用を大幅に超過した。特に土地収用費は政治的圧力や陰謀によって，予期以上に高くなった。そのことは，オースマンの仕事の特に公的な側面から，絶えず批評，批判にさらされていた。土地収用審査委員会は，潔癖な測量士デシャンの価格査定によって管理されていたにもかかわらず，しばしば気前のよい大盤振る舞いがあったし，また土地所有者は，こうした状況では当然とられるべきあらゆる手段に訴えて，市に対する要求を増大させた。特別助成金からとり残されていた人々にとっては，土地を収用されることほど大儲けす

る早道はないようだった。大不動産会社，特に動産銀行は，いち早く新しく建設された大通り沿いの土地を可能な限り買い上げた。その土地が，高級住宅地や商業地になったときの地価の高騰を正確に見越してのことであった。

だが，最終的な収支計算では，オースマンの財政政策が正しかったことを認めねばならない。パリの税収基盤は都市改造が引き起こした経済成長とともに増大し，剰余金収入は結局支出の何倍にものぼった。オースマンが死んだ1891年ごろは，1860年代のようなさまざまな政治主張はすっかり影をひそめてしまっていた。そしてそのころになって，当時のパリは改造を進めるだけの余裕があったわけではなかったが，改造せずにすますわけにもいかなかったということが，一般的に認められるようになっていた。

パリ改造では経済的にもう一つ注目すべきことがある。オースマンの計画した大通り沿いに建てられた典型的なアパート群（図30，81）については，多くのことが言われているにもかかわらず，この建物がすべて民間企業によって建設されたという事実はあまり重視されていない。量だけからいっても，このような上品な商業ビルや中流上層階級向け住居の建設は，オースマン時代およびそれ以後に行われた公共事業全体をはるかに上回っていた。欲の深い建て主が，手早く投機的利益をあげるために建てたのだと，いまになって非難するのはたやすい。確かに，当時は不動産で一財産作ったり（時には失ったり）する時代であった。だが今日のプランナーで，自分のめざす最高の都市計画が，必要とされる商業建築や住居建築まで含めて，公共基金の投資なしに実現できると，当時ほどの自信をもって予想できる者があるだろうか。ナポレオン政府は免税や簡単な信用貸しで，そのような企業を奨励してはいたものの，これほどのものが，非常に短期間に，民間基金のみで，美的にも構造的にも一応の水準で建設されたという事実は，第2帝政のプランナー達が，19世紀における必要性と可能性を正確に予測していたことを証明するものである。

"必要性"とは，都市のであろうが何であろうが，さまざまに定義される。パリの下層階級の人々にとっても，より良い都市，より良い生活は必要であった。彼らは公園，下水道，学校など，ナポレオンの行った事業の一部から直接利益を得たにもかかわらず，そしてまた重要なことに，オースマン時代がもたらした，まるで絶えることのない仕事の機会から間接的に利益を得たにもかかわらず，第2帝政は，中流上層階級に対すると同じように，労働者階級の要求を満たしていたとは言えない。

大衆の要求は，否定し難いほどの政治勢力に支持されているときにのみ，政府に対して有効な拘束力となる。フランスの中流下層階級や労働者階級にはそのような政治勢力が組織されていなかったため，第2帝政は彼らの要求をまったく無視しないまでも，軽視することができると考えていた。

税金が低額納税者や非納税者の要求を満たすために費されるということを，納税者層の人々にどのように納得させるかは，あらゆる政府の抱える永遠の政治問題である。第2帝政を政治的・社会的欠陥がはなはだしいとして非難するよりも，むしろ19世紀半ばの中流上層階級が都市の形態や性格にかかわる特別な，無視し得ない〝要求〟を持っていたことを指摘するほうがよいようだ。彼らにはその要求をバックアップするだけの政治力，経済力があった。そこで彼らの要求は受け入れられ，期待通りの結果になったのである。

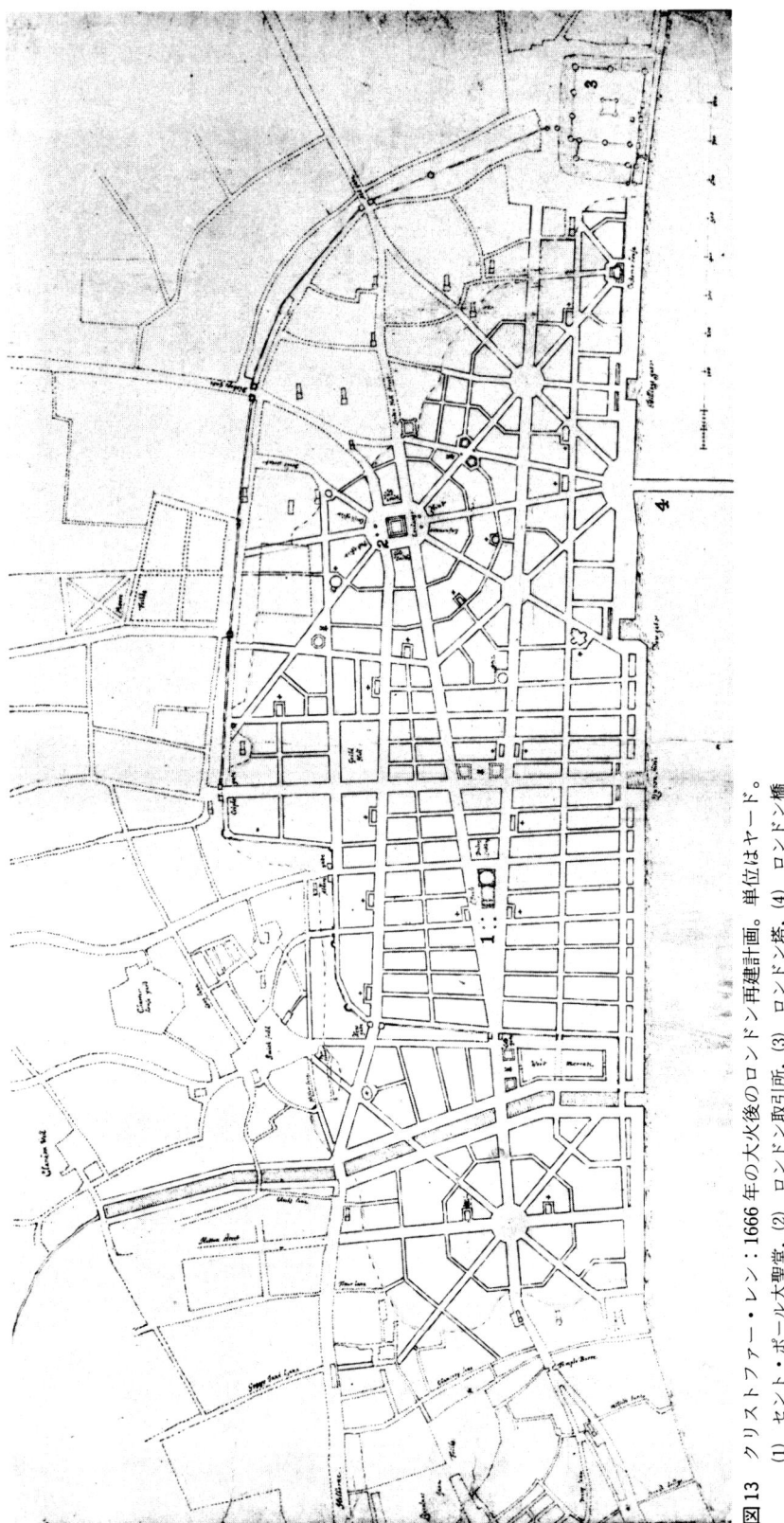

図13 クリストファー・レン：1666年の大火後のロンドン再建計画。単位はヤード。
(1) セント・ポール大聖堂, (2) ロンドン取引所, (3) ロンドン塔, (4) ロンドン橋

図14 セバストポール大通りから見たランビュトー通り。1968年

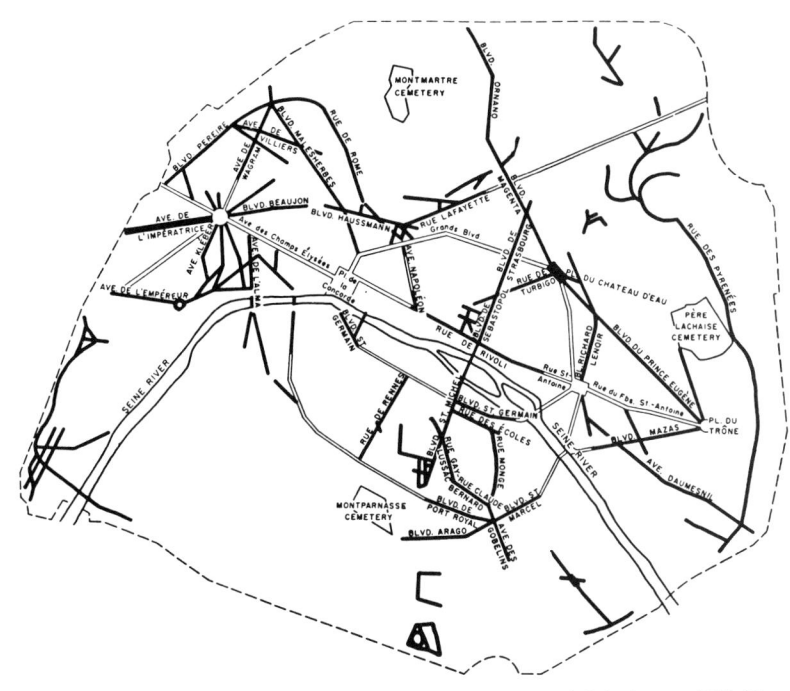

図15 1850年から1870年にかけて建設されたパリの主要道路（セーヌ県版「Les Travaux de Paris, 1789-1889；Atlas」［1889年パリ］，図 XI, XII）

図16　オペラ通り（1880年ごろ）からルーブル宮を見る。

図17　パリの大通り（ブールヴァール）。1902年

図18 空から見たシテ島，奥にサン・ルイ島。南東方向を望む。

パレ・ド・ジュスティス（手前のドーフィーヌ広場の後）は，旧宮殿の建物を拡張したもの。中庭中央に残っているのはサント・シャペル。中央部にあるのは商事裁判所（左，丸屋根はセバストポル大通りとの軸線上にある）と警視庁（右）。その奥がノートル・ダム大聖堂とパルヴィス広場。右岸とシテ島を結ぶ橋は奥から手前へ，ポン・マリー橋，ルイ・フィリップ橋，アルコル橋（市庁舎へ向かう），ノートル・ダム橋，シャンジュ橋。左岸へ行く橋は，奥から手前へ，シュリ橋，トゥールネル橋，アルシュヴェシュ橋，ドゥーブル橋，プチ・ポン橋，サン・ミシェル橋

図19 H.M.ルフュエル：リシュリューの館，ルーヴル宮，1852—1857

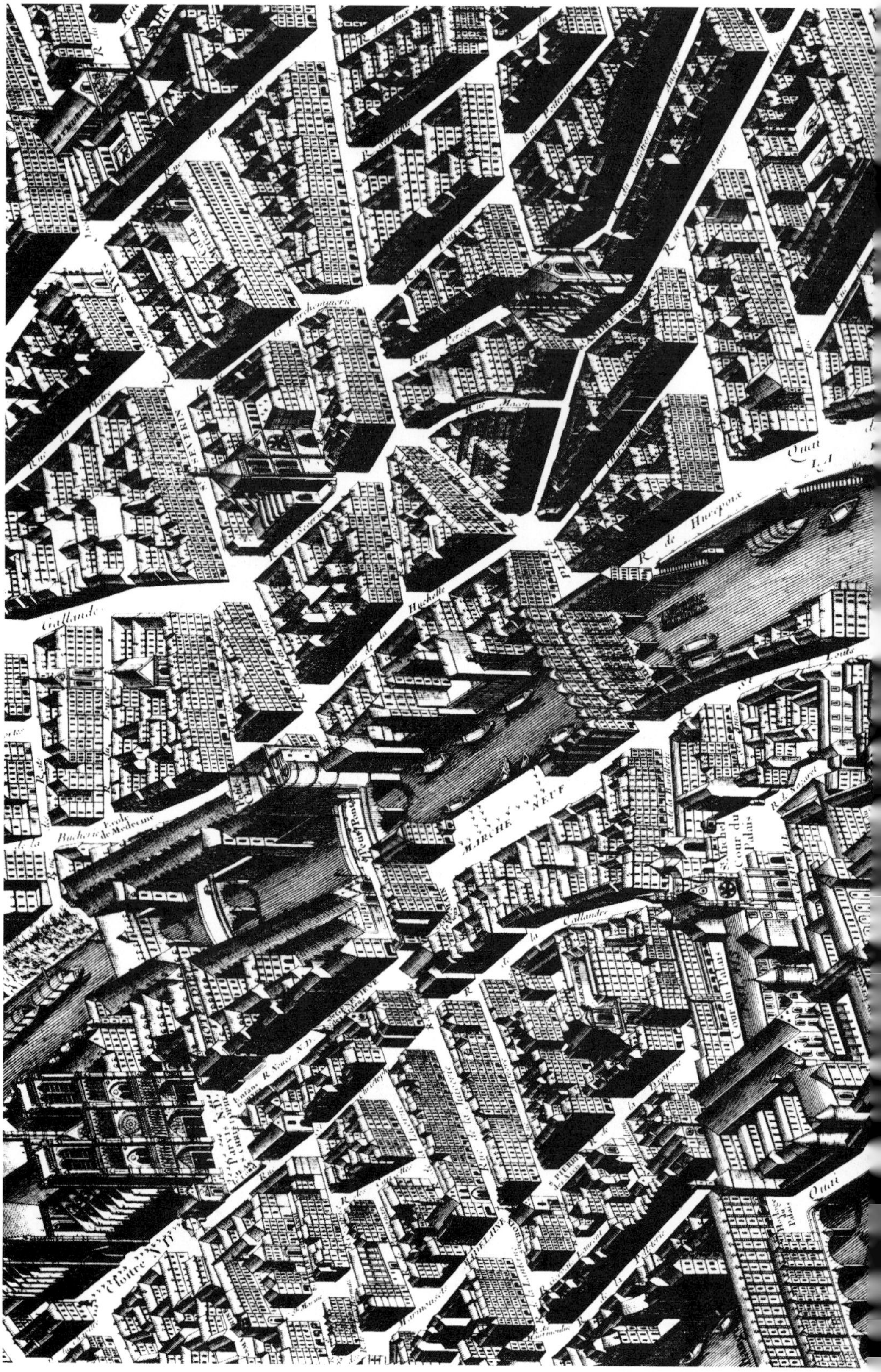
MARCHE NEUF
Gallande
R. de Hurepoix
Cour du Palais
Quai

図20 シテ島詳細図。1734年のチュルゴーの都市図より。手前にポン・ヌフ橋、ロワイヤル橋、ドーフィーヌ広場。旧市立病院はノートル・ダム大聖堂の前にあり、プチ・ポン橋によってプチ・シャトレにつながる。

図 21 ヴィクトル・バルタール：1853 年のレ・アル（中央市場）計画案。（バルタール，フェリー・キャレ共著「Monographie des Halles Centrales」（1863 年パリ，図 1）より）

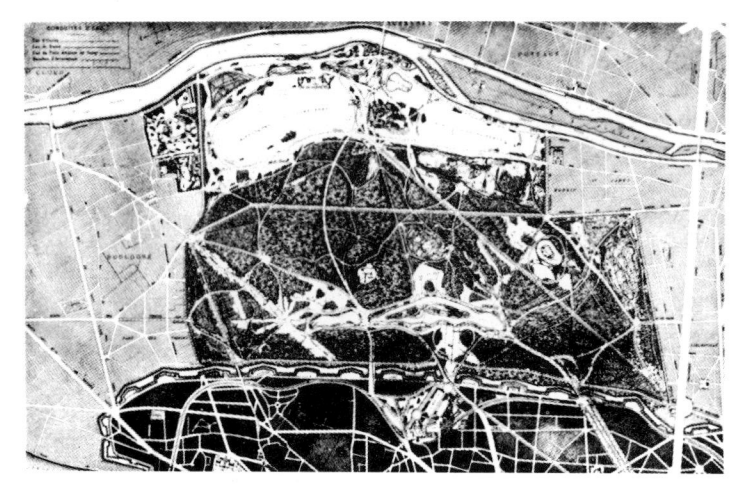

図 22 1850 年代に，アドルフ・アルファンにより改造されたブローニュの森（アルファン，「Les Promenades de Paris」（1867―1873, パリ）より）

図 23 ブローニュの森のオーチュイユの池。1870 年ごろ

図24 皇后通り（現在のフォッシュ通り）。1870年ごろの景観とプラン。これは，左下のドーフィーヌ門を通ってブローニュの森へ通じる大通りになっている。

図25 ヴァンセンヌの森。1870年ごろ。グラヴェルの丘から望む。

図26 オースマン以前の下水道（テクシエより）

図27 ヨンヌ峡谷にまたがるヨンヌ送水橋。1873年1月

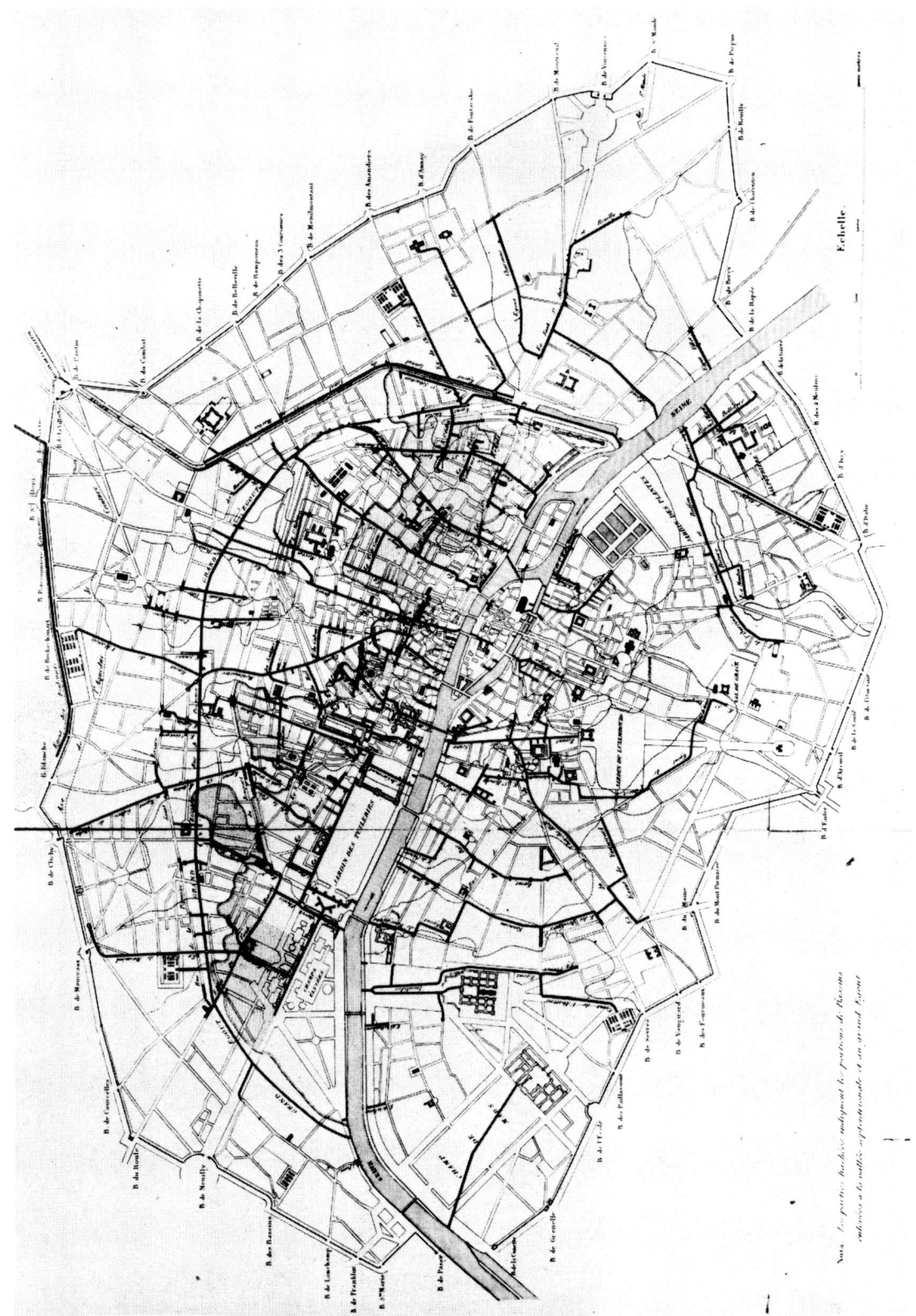

図28 オースマン以前の下水道網。1837年1月1日のプラン。すべての下水道が、市境界内のセーヌ河に流れ込んでいる。

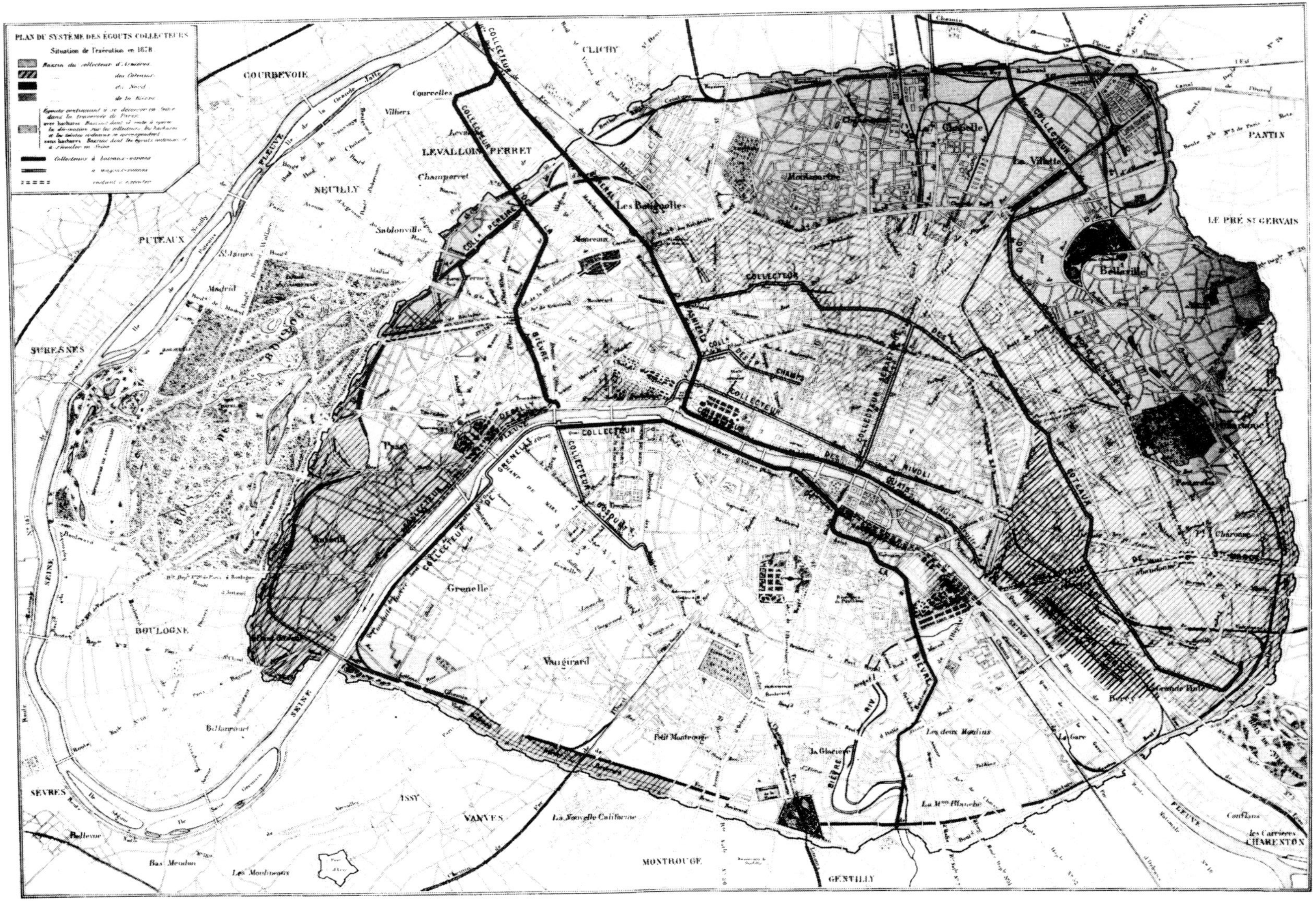

図29 下水集合管, 1878年のプラン。墓地にも注目
(1) 北墓地（現在はモンマルトル墓地），(2) ペレ・ラシェーズ墓地，(3) 南墓地（現在はモンパルナス墓地），(4) アスニエールの下水集合管

図30 第2帝政時代の典型的なパリのアパート。立面図および平面図(「ザ・ビルダー」ロンドン, 16巻, 1858年3月6日号, p.159)

歴史的評価：1

当時から世間を騒がせ，議論の的になっていたオースマンの大事業は，ウィーンからバルセロナまで，またベルリンからローマ[8]に至るまで，各地でオースマン式都市開発を引き起こしただけでなく，近年50年以上にもわたって，絶えず関心が寄せられ，話題になっている。第2帝政様式はその時代の主流からは確実にはずれていたせいか片寄りのない再評価[9]を受けたのは，つい最近になってからである。そして同時に現代の批評家達は独自の観点からオースマンを扱うようになった。

その土地に強い懐郷の情を持つ歴史家たちは，オースマン流の大胆なパリの改造は，豊かな歴史性と親密性，そして混乱の中にも美しさのある旧市街地を無造作に切除してしまったものとして即座に拒絶する[10]。反ブルドーザー主義を断固として主張する最近の傾向があるとすれば，この観点からの考察が必要である。

都市の景観を問題にする批評家たちは，アメリカ民主主義志向にしろ，ヨーロッパ社会主義志向にしろ，第2帝政自体のもつ社会的・政治的虚飾とか慣れ合いから，有力な中流上層階級の要求を満たしていくオースマンのあくどいやり方には，当然のことながら好意的ではない。

ルイス・マンフォード[12]のようなアメリカの作家たちは，膨張していく工業社会，民主社会の自由労働の中における社会改革や流動性に着目していたのだが，彼らが都市に望むものは，社会のすべての人々が新鮮な空気と良い学校に恵まれ，持って生まれた能力を最大限に発揮しる環境，また下層階級から，たいした摩擦もなく上の階級に移行しうる環境である。これらの作家の理想とする環境は，都会よりむしろ郊外にあり，オースマンのパリは，いかに公園その他の都市施設を備えているといっても，この基準に適うものではない。

都市計画のC. I. A. M理論を標榜(ひょうぼう)する人々は[13]，どちらかといえば全体主義的な色合いを帯びることのある社会主義者の考え，しかもその漠然と規定された枠組みの中での進歩や，工業化，機械化，そして大規模都市計画などに関心を示している。したがって，彼らはオースマンの努力を真面目に取り上げざるを得ないのだが，そこには二面的な感情がある。つまり一方では，彼らはオースマンを19世紀の新秩序の預言者トニー・ガルニエやル・コルビュジエの先駆者と見る。また，オースマンのとった絶対的技術優先主義，壮大なスケールの構

想，準独裁的特権に共感を示している。新中央市場，アンリ・ラブルステ図書館，新鉄道駅などの規模や鉄構造も気に入っている。1889年のパリ万国博で，シャン・ド・マルス公園に建設されたグスタヴ・エッフェルの塔は，遅ればせながらも，その時代にふさわしいシンボルとなっている。オースマンが市内の重要地点を幅広い街路で結ぶことに重点を置いたことは，彼が初めて交通問題を認識し，たとえ不完全ながらも将来のパークウェイや高速道路の先鞭をつけたと彼らは見ている。

だがオースマンは，運の悪いことに，まだ救済手段の整っていない世界に巻き込まれてしまった。オースマンに関心を寄せる批評家たちは，彼の事業を可能にした第2帝政の半専制的特質に対し心の中では感嘆していたにもかかわらず，基本的にはナポレオン3世のフランスと，19世紀全般に共感してはいなかった。

ジーグフリード・ギーディオンは，それを社会的政治的に立派な理想もなければ，優れた建築家もいないのに，「危険な手段」ばかりをとっていた「不安定」な時代と見ていた。パリ改造は「技術者によって遂行された」。ナポレオンは意志の弱い政治家で，「大計画はたてたものの，重大な問題が持ち上がると……数え切れないほどの細かな譲歩を繰り返しながら，あちこちに方針を曲げ……結局，最安値で自分の方針を手離してしまうのだった」。オースマンは，まるで近視眼的なブルジョアの反対者のゴリアテと戦うダビデのようであった。だが，「オースマンが政争の中心人物となるや否や，ナポレオンは事実上，彼を見捨てた」のであった[14]。

ギーディオンによれば，オースマンのしたことで正しかったのは，その事業の壮大な規模と計画，そして技術主義であった。そして，彼が犯した誤りは，ブルジョア階級やブルジョア的価値観に帰因すると同時に，それは，「社会の構成要素と現実との複雑な絡み合いの中に現れる19世紀の分裂した性格」そのものであった[15]。大通りは交通には便利かもしれないが，大衆暴動の鎮圧にも有効だと大いに宣伝されていたこと（今日に至るまでそれは証明されていないが）に対して，オースマンの批評家たちは一種の嫌悪感を拭い去ることができない。むしろ，拡大都市の周囲に外郭〝緑地帯〟を作る大計画が挫折したことを非常に残念に思っている。

彼らを最も驚嘆させたのは，オースマンの都市の基本単位，すなわち大通り沿いに民間企業によって新築された共同住宅である（図30）。

> 店舗付きの1階，中2階，3階分の主要階，2階分の屋根裏がある。主要階は3階とも同一の平面になっている。ここは，中流上層階級向け住居である。窓の3つある夫婦用寝室が角にあり，その左が居間で，右側は食堂，さらに右の方にゆくともう一つ寝室がある。ほとんど光の差し込まない育

児室があり，台所と召使いの部屋は狭い光庭に面している。こうした狭い光庭は，この時代に限らず，その後もヨーロッパの住居の悪い面での特徴である。屋根裏階は建物の中では一番密集した部分である。ここは，召使いや，夜の宿泊人など，一般に下層階級の宿泊施設として，狭いスペースにこれ以上置けないというほどのベッドがびっしり並べられている。……1860年のこの建物の画一的なファサードは，日常生活のさまざまな機能が一つになって渦巻いている住居単位を覆い隠している。1階は営業用に使用されているが，それがしばしば中2階にまで侵入して，いろいろな店の仕事場になっている。3つの主要階は裕福な家庭のための住居に使われている。屋根裏は密集したスラムである。昔から生産と居住地域との結合は極く当然であった。しかし……工業生産の時代ともなると，住居と労働と交通を一緒くたにしてしまうのはばかげたことである[16]。

パリの共同住宅に対するこの不評は，さらに都市の文脈全般にも及んでいる。大通りは，

果てしなく続いて，視界から消える。その特徴のないファサードと全般的な画一性が，オースマンの巨大な改造事業を1850年代，あるいはそれ以後に実施されたどんなものより優れたものにしているのだが，一方では，（中略）その画一的な外壁の裏側に，あまりにもひどい乱雑さが隠されている。（中略）当時の都市の鳥瞰図では，道路が幅をきかせている（図75）。道路に面していない家々は，ごたごたと密集して建ち放題にされていたのは明らかだ。オースマンは，乱雑なものを全部押し込めておける一種の衣装戸棚（ワードローブ）として，画一的なファサードを利用しているのである[17]。

オースマンは，「パリの中心地区を汚す」「恐ろしい伝染病汚染地域や路地」を町から取り除こうと考えたが，「実際には，それらの地域の一掃には成功せず，パリの中心街は現在もなお，ひどい状態になっている[18]」

こうしたことがみなオースマンの責任なのだろうか。必ずしもそうではない。「……オースマンの時代には，社会的にも工業的にも発展段階にあり，大都市における住宅問題については解決の糸口さえ見つかっていなかった」。ブルジョア階級はその点での悪役である。というのは，「ブルジョア階級はオースマンを引きずり下ろした。……オースマンが，彼らの平和を乱したことを許すことができなかったからだ。彼が達成したことは，大多数の意志に反してなされたのだった[19]」

ル・コルビュジエの弟子達による批評には，言外に結論めいたものが含まれている。彼らは，社会はその物心両面で変化しなければならないと考え，来るべき新時代の要求に合わせた都市の効果的改造には，古くて不要になった過去の誤ちの数々を完全に破壊することから始めなければならないことをほのめか

している[20]。オースマンとナポレオン3世は，この点でひどくやり過ぎたのではなく，十分にできなかったのである。

このようなオースマン研究に共通しているのは，彼の事業を都市に対する一種の独立した付加物として，都市の文脈の中から切り離してしまう傾向である。その計画で最も本質的な点と思われること，すなわち，既存都市との密接な関係についてはだれもまったく考慮に入れていない。オースマンのパリの，都市としての成否の規準は，これから見ていくように，付加の問題ではなく，統合の問題なのである。

本書では，オースマンの計画とその理論的，形態的評価ではなく，パリ自体の歴史を見直すところから始めなければならない。オースマン以前，およそ1500年も歴史をさかのぼり，さまざまな都市が直面してきた問題を調べていけば，専門の建築家でもなく，都市計画家でもないナポレオン3世とセーヌ県知事の2人が，その仕事に取りかかった自信のほどや専門的技術を説明することができるかもしれない。

中世のパリ

都市は，人々がそうであるように，現在の卓越性を古代の高貴な血統のせいにしたがるが，パリもその例外ではない[21]。だが，そうは言っても，4世紀の皇帝コンスタンティウス・クロルスや"背教者"ユリアヌスが一時期居住したことのある，ガロア・ローマ時代のリュテチア・パリシオラム*はそれほど価値のあるものではなかった。その時代の記念物は左岸の聖女ジュヌヴィエーヴ像のある斜面にかたまってわずかに残っているが，そのうちコンスタンティウス・クロルスの浴場だけが，ローマの記念碑としての特色を表している（図31）。第2帝政時代に遺跡が発掘された円形劇場のルーテス闘技場に至っては，さらに感銘が少ない。

*パリの古代名

メロビング朝は，防壁に囲まれたシテ島に引きこもっていた。左岸は，ベネディクト派のサント・ジュヌヴィエーヴ教区とサン・ジェルマン・デ・プレ教区に分割され（図32），右岸の大部分はシテ島の大聖堂におさまったパリ司教の所有地となった。メロビング朝とカロリング朝の時代には，君主は島の西端にほんのわずかな足掛りを確保していたに過ぎない（図33）。

都市志向というより田園志向の強かったカロリング朝は，パリをほとんど利用しなかった。彼らがこの地域で注目していたのは，北部のサン・ドニ修道院であった。新しい街路（後のサン・ドニ通り）が，シテ島西端にあった旧メロビング宮殿の対岸から修道院までの間に建設された。サン・ドニ通りの先端にあるグラン・ポン橋の建設はこの時代にさかのぼるのだろう。サン・マルタン通りの先にあるローマ時代の古い橋は，崩れ落ちるままに放置された。ノルマン人が河をさかのぼって襲撃してきたときには，パリの人々の住む村は廃墟となった。しかし，焼き払うほどの町はほとんどなかった。かつての宮廷，その近くの司教区の大聖堂，またその近隣に隆盛を誇っていたいくつかの修道院などは，それぞれ小さな村に取り囲まれており，略奪にあうことはあっただろうが都市が形成されていたわけではなかった。

10世紀末，ユーグ・カペーとその継承者がシテ島に住み，堅固に要塞を築いていたころ，パリは急速に変わりつつあった。左岸一帯は防壁をめぐらした修道院の支配下にあり，単調な農業地帯が続いていたが，一方，シテ島右岸では，セーヌ河と河岸沿いの東西路にはさまれた砂浜に，9世紀末以前から市場が設けられていた。河幅の広い支流を渡り，旧ローマ橋からそう遠くないところに

(旧ローマ橋は，そのちょうど反対側にある少し短いプチ・ポン橋とともに，センリスからオルレアンまでを結ぶ，ローマ時代の主要南北路の一部を形成していた），グレーヴ広場と近くのサン・ジェルヴェ教会とが，パリで最初の商業地域の中核を形成した。島ではなく，ここが近代パリの発祥の地であり，商業の中心として残されていったのである。

11世紀末までには，同じように重要な商業の中心地が，シテ島とカロリング朝時代のサン・ドニ通りを結ぶグラン・ポン橋（現在の両替橋(ポン・ド・シャンジェ)）のはずれの新しくできたサン・ジャック・ラ・ブシュリー教会周辺に形成された。そして12世紀半ばまでには，商業の盛んなこの2つのフォブールは，ひとつの壁に囲まれて町となった。そのすぐ西側には，右岸に大きな教区をもつサン・ジェルマン・ロークセロワ[22]教会を中心に別の村が成長してきていた。その村の壁の輪郭は，サン・ジェルマン堀通りという名に残っているに過ぎないが，19世紀初頭のパリの地図を見ればいまでもはっきりわかる。

一方，11〜12世紀にできた町壁の西側のカーブは，サン・ドニ通りから，サント・オポルチュヌの回廊跡をすぎ，ラヴァンディエル通りに沿ってセーヌ河に至るまで，その跡をたどることができる。サン・ジェルマン・ロークセロワ村は，町の仲間入りをするには，まだ十分に商業が発達していなかったためか，あるいはまた，自身の壁によって必要以上に孤立していたためだろうか，町から切り離されたままになっていた。そして同じように，河の反対側のサン・ジェルマン・デ・プレ修道院は，17世紀の初頭になっても依然として町から切り離されていたのである（図36）。

デブのルイ王の治世には，右岸の都市が拡大していくにつれて商業活動が活発になっていった。1137年，市場は大きくなりすぎてグレーヴ広場では手狭まになり，かつまた旧ローマ橋の消滅で孤立したため，11〜12世紀の壁のすぐ外側，サン・ドニ通り沿いでサント・イノサン墓地の隣りに移転された（図34）。これは歴史的移転であり，パリの中央市場は最近までそこに残っていた。屋外の市場，屋内の市場，さらに周辺に街頭市場のたつパリ中央市場は，膨張する都市の新しい中心地となったのである（図35）。

12世紀末までに，まったく新しい村(フォブール)が続々と生まれた。そして新しい道路ができて，初期の町と孤立していたサン・ジェルマン・ロークセロア村とを結んだ。北の方には，新サン・ジェルマン村，またサン・マグロアル修道院を囲んでル・アベ村があった。"ボー・ブール"村は，最初の壁のすぐ内側にあるサン・メリー教会から，サン・マルタン・デ・シャンのクルニー修道院まで，さらに，12世紀後半聖堂騎士団が住みついて城砦化した囲いと古い町を結ぶ道路にまで広がっていた（図32，33）。

こうして多くの教会が，壁の外側の新地域とともに成長していった。セーヌ河

畔にあった初期のフォブールの商人や職工は、その壁のために（文字通り）ブールの人となり、すなわちブルジョアは支配的勢力となって、まさに発展する都市にとって不可欠のものとなっていた。

都市成長の初期の段階では、人々は、自分たちの地域とその教会を発展させることで満足していた。だがいまや、彼らの要求は広がり、大きな野心を抱くようになっていた。彼らは、共通の利益を管理する政治組織の必要を感じ、職人ギルドを結成した。はしけで河を上下して荷物を運んだ、いわゆる水上商人による最古のギルドの長が、事実上のパリ市長となった。同様に、ブルジョアは、都市に住む者として、都市の表立った場面に目に見えるような形で参加したがった。指導的市民にとっては、これは教会の後援者となり、聖堂内あるいは市周辺の主要な教会や修道院の中に埋葬の権利を獲得することを意味していた。こうしたことはこれまで、文字通り領内に教会を所有していた封建領主の独占的特権だったのである。

1163年着工後、13世紀になって周囲の小聖堂とともに完成した新ノートルダム大聖堂は、ブルジョアの野心を完全に満たすものであった。ゴシック建築とは、より壮大なスケール、かつ大胆な建設法をさすだけでなく、教会をいままでになく小さく、無限とも思えるほど次々と細分化し、複雑になった社会的、政治的視点を形態の面から、あるいは宗教的に表現するという意味もある。つまるところ、ゴシック建築は都市の建築であり、一方、ロマネスク様式は封建時代の建築であった。パリのロマネスク様式の教会のほとんどすべてが、16世紀末までにはゴシック建築に代わってしまったことも驚くにあたらない。

隆盛をきわめていく商人に、喜んで便宜を計っていたのは、司教、大修道院長、聖職者だけではなかった。フランス国王もまた、国の利益が古い封建領地と同様に都市に依存することを早くから見抜いていた。アダム・スミスは、最初にしていまなお古典的価値のある論文『都市の繁栄』の中で、この点について次のように述べている。

> 王は……市民を軽蔑していたかもしれないが、憎んだり、恐れたりする理由はなかった。そこで、お互いの利益のために、彼らは王を支持し、王は封建領主に対抗する彼らを支援する傾向があった。市民は王の敵の敵であり、彼らをできるだけ敵の手から守り、自由にすることが、王の利益となっていた[23]。

この相互利益が実際の形で表れたのが、パリを囲む石の大市壁であった。これは左岸も含めたものとしては最初の市壁で、1200年ごろ、フィリップ・オーギュストにより建設された（図33, 36）。

11世紀から12世紀にかけてのパリ再建には、考古学的な想像力をめぐらす必

要がある。フィリップ・オーギュストが市壁で囲んだ都市，そして，1300年にはすでにその壁を越えて北の方に広がっていった都市は，16〜17世紀に描かれた数多くの絵図の中に，あるいは一部で頑強に残っている城壁の跡にその姿をとどめている（図36）。

初期のパリは封建領地の寄せ集めであった。その中心の島は，カロリング朝の理想をまさに典型的に表していた。聖堂と宮殿，教会と国家が，バランスを保ちながら，両者間で力と土地を分割していた（図18, 36, 37）。修道院や封建領主は両者の中間に位置を占めていた。商人や職工はその外側に置かれ，右岸にかたまって，対岸の様子を見ながら好機をうかがっていた。

フィリップ・オーギュスト，聖王ルイ，さらにフィリップ美貌王の時代のパリは，全体に新たな規模と調和を備えていた。聖王ルイは，宮殿やその君主政体の象徴的地位を高めるために，「茨の冠」やその他の重要な聖遺物を手に入れ，それらを宮殿の中庭にあるサント・シャペル教会（1243—1246）に華々しく収めた（図37, 38）。しかし宮殿の一部はまた，司法行政のための役所（最高法院）にもなっており，市民はそこでの発言権を得ていた。

ノートルダム大聖堂は，相変わらず司教の教会ではあったが，市民たちもまたそれを共有していた。そしてその形態からみても，市民が関与していることがよくわかる。市場の大きな建物，何世代にもわたって多くのパリ市民を埋葬した広大なサント・イノサン墓地（図33, 39），大聖堂の向い側に新築された大病院，オテル・デュー（図18, 52），また1260年聖王ルイが建てた盲人ホーム，カンズ・ヴァン病院（図49）のような市壁の外側の施設などは，都市が次第に司教や王の居住地であるにとどまらず，商人や職工にとって機能的な都市になってきたことをはっきり示している。

13世紀のパリで，最も重要な新しい特徴は，左岸のフォブールの市への併合による発展であった（図36）。この地域を長い間支配していたメロビング朝によって建立された古いベネディクト修道院のうち，サント・ジュヌヴィエーヴは新しい市壁の内側に入ったが，封建的特権に断固としてしがみついていたサン・ジェルマン・デ・プレは外側に残った[24]。だが，実際に南側の発展にはずみをつけたのは修道院ではなく，1200年以降，比較的安い左岸の土地に出現し始め成長してきた大学の，宗派，無宗派を問わぬ数々のカレッジであった（図33）。中世末期には，神学，法学，科学，商取引などが互いにからみあって動きがとれなくなっていたので，大学は対岸の商人の町にとって必要不可欠なものとなっていた。

14世紀の初期になると，フランス国民としてのアイデンティティのようなものが，王権をシンボルとして形成されつつあった。だが，都市の利益と国家の利益が常に一致するというわけではない。特に，国家の努力が成功という果実を

実らせることなく，高い税金を課す場合はなおさらである。100年戦争(1337—1453)の初期の戦闘では，フランスの戦いは決して成功しているとは言えなかった。1356年，善王ジャンはポワティエの戦いで，イギリスの捕虜となった。その後ほどなく，1358年にパリ市長エティエンヌ・マルセルに率いられた最初のブルジョア革命がパリに起こった。だが革命軍は国王軍によって制圧された。国王はやはり農奴の反乱に悩む地主貴族と便宜上の協定を結んだのであった。この騒動を切り抜けたあとのパリには最低限の独立しか許されなかったにもかかわらず，なんとか最初の市庁舎をグレーヴ広場に獲得することができた（図33，40）。16世紀には，初期の建物に代わってもっと大きな建物が建設され（図41），1837年以後さらに拡張された。そして1870年，パリコミューン支持者によって焼き払われた後，再建された。

シャルル5世は，パリに対してほとんど政治的自由を認めず，フィリップ・オーギュスト時代の市壁を越えて発展しにぎわう町の北側に新しい市壁を建設した。その新しい市壁上のバスティーユの要塞は（図42），サン・タントワーヌ門の隣りにあり，西のサン・トノレ門の外側のフィリップ・オーギュストによるルーブルの城砦と対になっている（図33）。

フィリップ・オーギュストがイギリスの攻撃を恐れていたのだとすれば，シャルル5世はおそらく，野心に燃える弟，大胆男フィリップに悩んでいたのだろう。15世紀には，イギリスおよびブルゴーニュ公国があらゆる方角からパリを攻撃してきた。だが，バスティーユは，パリ市民達の政治的野心を抑えるほうに，より一層の効果があったのである。シャルル5世が，プチ・ポン橋やグラン・ポン橋の端に建設した巨大な要塞についても同様であった（図18，33）。

図31　コンスタンティウス・クロルスのローマ浴場，4世紀（クリニー博物館，パリ）

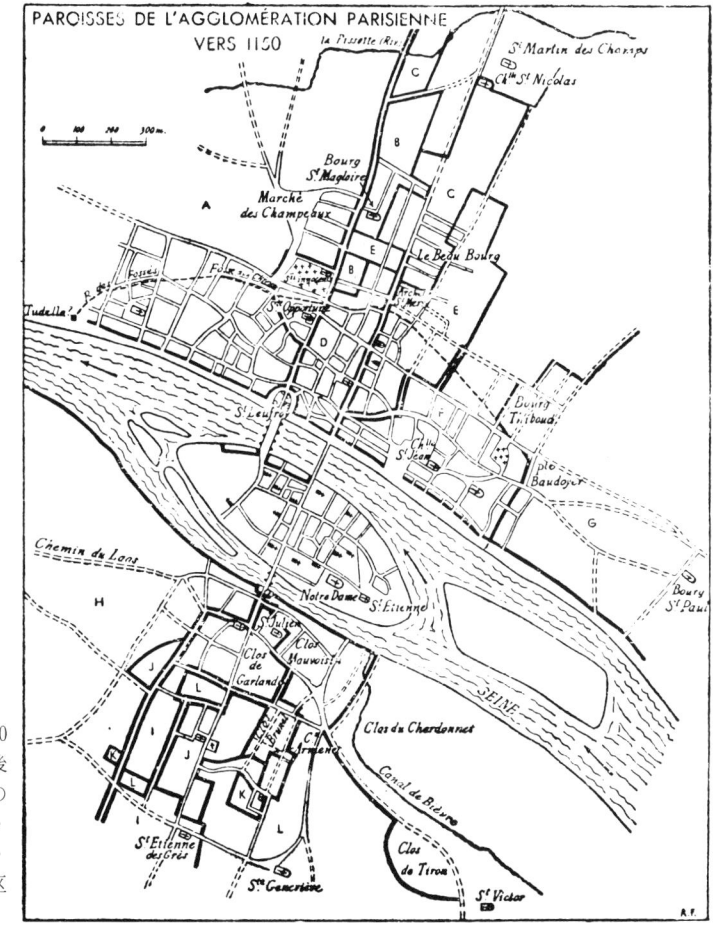

図32　アベ・フリードマンによるパリ。1150年ごろ。マルシェ・デ・シャンポー（後のレ・アル中央市場）は，11—12世紀の市境のすぐ北になっている。ブール・サン・ジュルマン・デ・プレ（H）とブール・サント・ジュヌヴィエーヴ（L）の教区に注意

LES PAROISSES DE PARIS

D'APRÈS

LES RÔLES DE LA TAILLE

VERS 1292

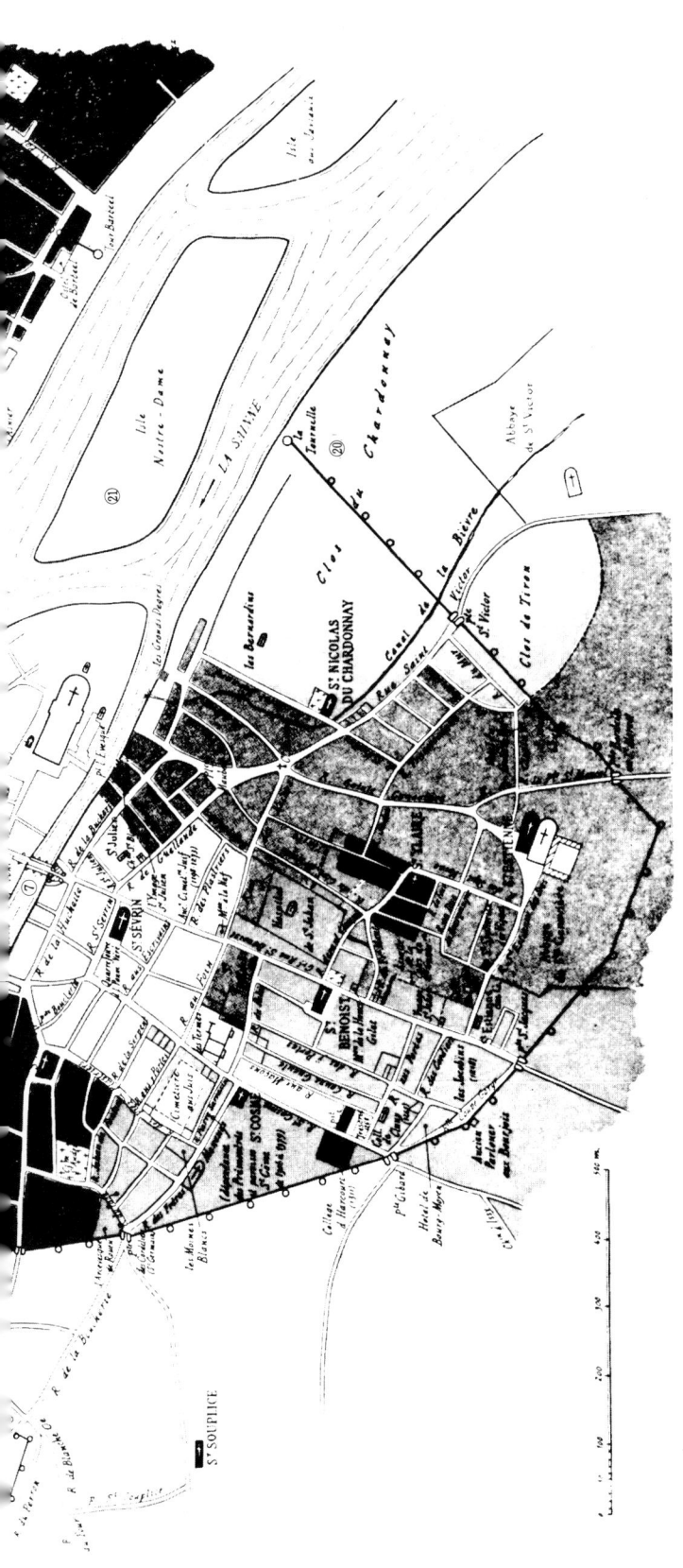

図33 1292年ごろのパリの教区。1783年ごろのジュニエの都市図に示されたもの。シテ島および橋は16世紀以前の状態に復元されている。
① 国王の庭園，② グラン・リュー（後のサン・ドニ通り），③ グラン・ポン橋（現在のシャンジュ橋），④ 旧ローマ橋，⑤ サン・マルタン橋，⑥ グレーヴ広場，⑦ プチ・ポン橋，⑧ サン・ジェルヴェ聖堂，⑨ サン・ジャック聖堂，⑩ サン・ジェルマン・ロークセロワ聖堂，⑪ サン・マルタン・デ・プレ聖堂，⑫ 中央市場，⑬ サント・イノサン墓地，⑭ サン・マグロワール修道院，⑮ サン・メリ聖堂，⑯ サン・マルタン・デ・シャン聖堂，⑰ 聖堂騎士団，⑱ ルーヴル宮，⑲ サン・トノレ門，⑳ フィリップ・オーギュスト時代の市壁，㉑ ノートル・ダム島（現在のサン・ルイ島）

図 34 パリ，メリアンの俯瞰図，1620 年。
(1) ロワイヤル広場（後のヴォージュ広場）および，(2) ドーフィーヌ広場は完成している。
(3) チュイルリー宮（1563 年—1564 年以後）は中央下で，シャルル 5 世時代の市壁の外にある。

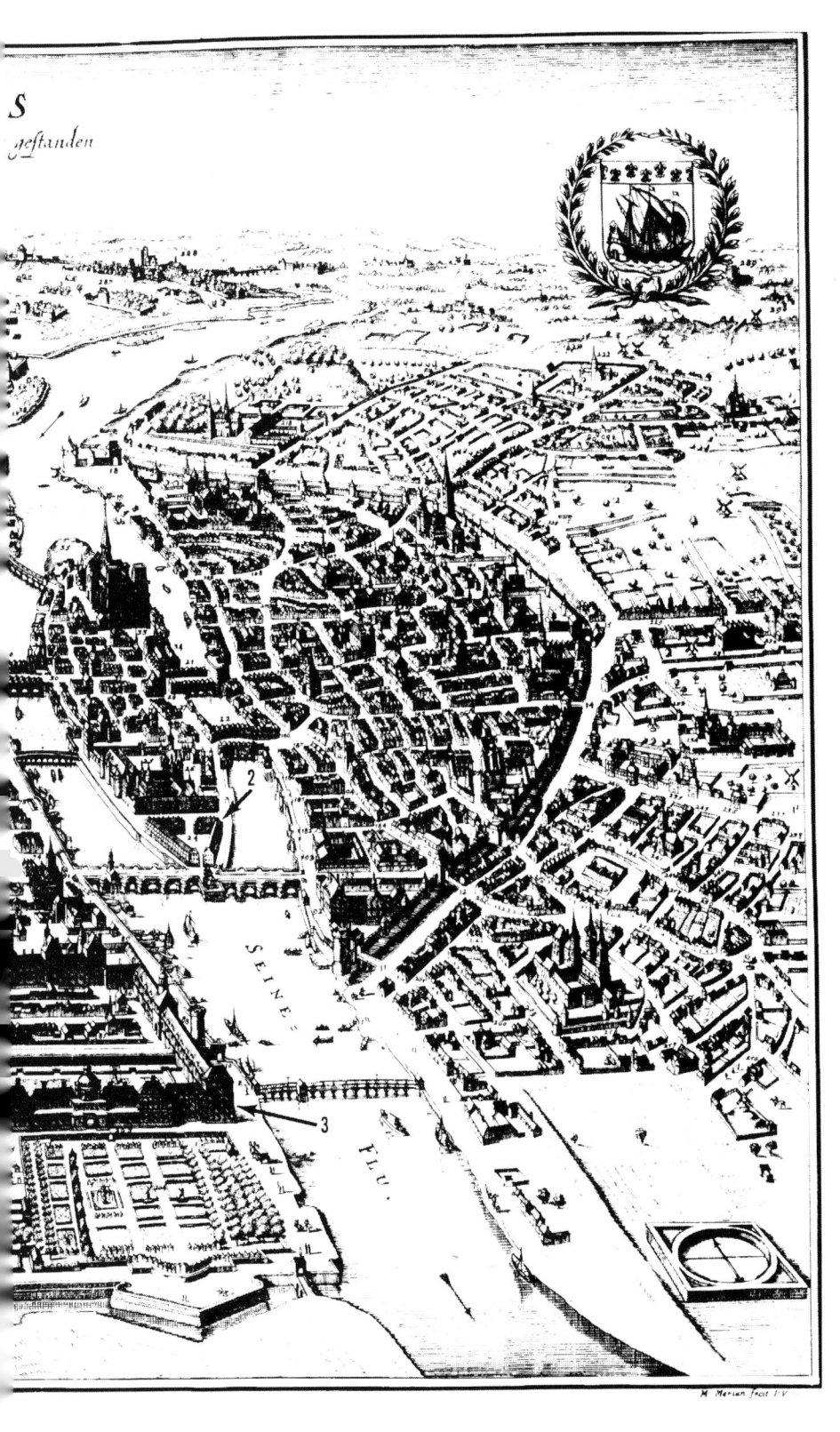

(4) サン・ルイ病院は左上

図 35　P.L. ドゥブュクール：市場の祭り（カルナヴァレ美術館，パリ）

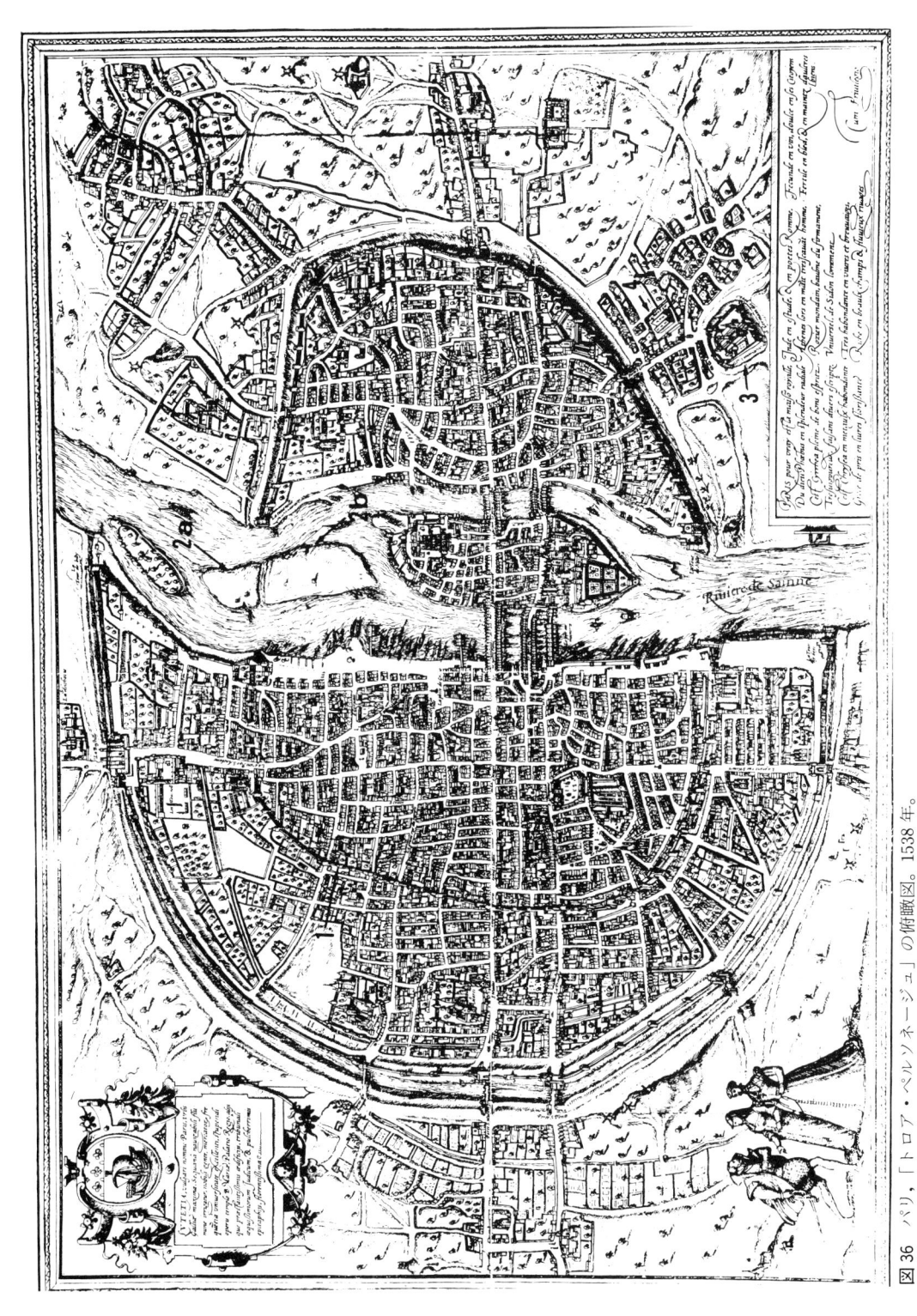

図36 パリ、「トロア・ベルンネージュ」の俯瞰図。1538年。
(1) フィリップ・オーギュスト時代の市壁 (1200年ごろ) はまだ右岸に残されている。(2) シテ島の東側のルヴィエ島ⓐとノートル・ダム島ⓑは、後に1つにまとめられて、サン・ルイ島となったが、この時代ではまだ未開発である。(3) サン・ジェルマン・デ・プレ修道院と、(4) フォブール・サン・ジェルマンは右下の市壁の外にある。

図37 ランブール兄弟:「トレ・リシュ・アール」から6月。1415年ごろ。背景は,シテ島の西端の旧パレ・ロワイヤルとその庭園,右はサント・シャペル(コンデ博物館,シャンティイ)

図38 ピエール・ドニ・マルタン:"サント・シャペルの中庭を通るルイ15世"(1715年9月12日)。(カルナヴァレ美術館,パリ)

図39 17世紀フランス人:サント・イノサン墓地。後方右は,サン・ジャック・ラ・ブシェリー塔(カルナヴァレ美術館,パリ)

図40　グレーヴ広場と14世紀の市庁舎（Missal de Jouvenal des Ursins より。1450年。パリ市役所内歴史図書館）

図41　16世紀の市庁舎（パリ，国立図書館）

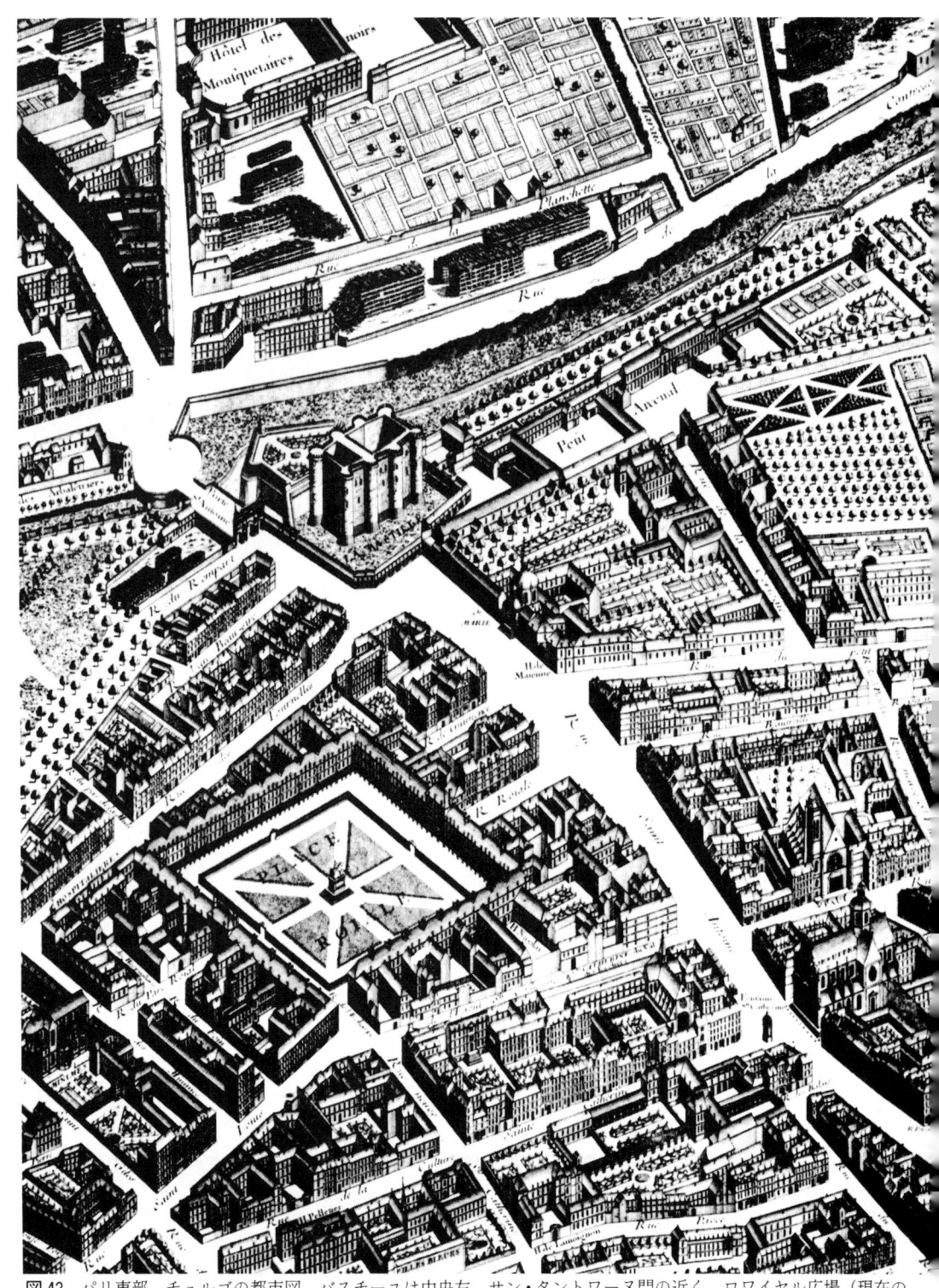

図42 パリ東部。チュルゴの都市図。バスチーユは中央左，サン・タントワーヌ門の近く。ロワイヤル広場（現在のヴォージュ広場）は下。ブレトンヴィリエ館は，サン・ルイ島の上端。マリー橋とトゥールネル橋に注目。

63

1500年からナポレオン3世までのパリ

16世紀の末には，都市ではなく，国家の努力や利益がヨーロッパの運命を決定した。パリのブルジョア階級は，いままでになく強力な絶対君主制との協力関係を取り戻していた。うまい具合に中立の立場に立った封建貴族は，もはや国家権力に逆らって問題を起こすことはなかった。国王はいまや国中の資源を動かすだけの力を得ていたのだ。上層部の商人や知識人は，法服貴族として，貴族階級とともに，官僚的な役割を担って社会機構全体を動かし続けた。

パリは，都市貴族階級，裕福な商人の中流上層階級と，職人，小商店主の中流下層階級に分けられた。土地を所有していない都市の無産階級(プロレタリア)は，14世紀のジャクリーの反乱以後，有効な政治勢力とはなっていなかった。ルネッサンスの合理主義は，都市勢力の新しいパターンが都市型態の中に表されることを要求していた。だがブルネレスキ，アルベルティ，レオナルド・ダ・ヴィンチなどの理想的都市計画が挫折したのは，依然として強い勢力を持っていた町の豪商たちが，編目のように入り組んだフローレンスやローマの町が荒々しく破壊され，切りきざまれることに抵抗したからであったのだが，そのような構想がアンリ4世のパリでは正に現実のものとなったのである[25]。

アンリ4世の下で行われた3つの有名な都市計画は，新しい階級に意識的に合わせたものであった。王宮広場(プラス・ロワイヤル)（現在のヴォージュ広場）は，ルネッサンス装飾様式を豊富に取り入れ，規模も大きく，均一な住居群に囲まれた広場として1605年に着工されたが，これは上層ブルジョア階級や法服貴族のための上流住宅地としての意図があった（図42, 43）。

1607年着工のドーフィーヌ広場は，シテ島の西端にあり，敷地の形に合わせて三角形をしているが，社会階層では一段下に属していた（図18, 34, 45）。家々は小さめで，1階には店が並び，様式的にも柱形(ピラスター)のない粗石積みの外装仕上げによって，居住者の社会階級が表れていた。

1610年に計画されたフランス広場は，北側の町壁に隣接し，巨大な建物群に取り巻かれた半円形の市場として公共性の高い場所になるはずであった（図44, 46）[26]。外側をぐるりと囲む道路や，放射状に八方に延びる道路（それぞれの地域を象徴するような名が付いていた）に沿って，職工や商店主のための均一な家々が建ち並ぶ予定であった。職工の家は，飾りのない簡素なものであったが，公共建物のほうは塔や小塔をつけて，わざと古めかしくすることにより，建物

全体があまり目立たぬように配慮されていた。ルネッサンス時代の建築理論家（アルベルティ，パラディオ，セルリオ）は，商業建築は古来の形態の高貴な痕跡を少しでも残すべきではないと主張していたのである[27]。

アンリ4世の計画は，初期の都市計画の例として注目され，賞讃されている[28]。だがそこから学ぶべき有益な教訓がいくつか見過ごされている。例えば，これらの計画の敷地が，既存の市街地に絶対に食い込まなかったということは，もっと強調されてよいことだ。事実，大々的な破壊はいっさい行われなかった。王宮広場（プラス・ロワイアル）は，元はトゥールネル館といい，王族の邸と騎馬試合場があったが，アンリ2世がそこで行われた騎馬試合で死亡して以来，急に人気がなくなった場所であった。また，その敷地はマレ地区の一部にあったが，そこは町の東端のシャルル5世時代の市壁の内側に入った湿地帯で，ほとんど住む人もないまま放置されていたのだった。フランス広場は同じ地区内で，12世紀に聖堂騎士団が建設した巨大な要塞のような囲いの裏の空地に位置していた（図33）。ドーフィーヌ広場については，14世紀末，宮廷が，古い宮殿を町はずれのバスティーユ地区に移し，シテ島の建物を相続権のある大法院に残していったのだが，島の先端の古い王宮庭園を商住混合地区に形を変えることは，実利的なアンリ4世や宰相シュリー公爵，そして名目上の土地所有者である大法院長アシル・ド・アルレイにとっては，まったく当然のことであったに違いない。

このような国王の計画は，完全な都市の存続ということからすれば，むしろ大変不都合なものであったことも，また見逃がされている。中でも，最大の，そして特に上流階級向けにつくられた王宮広場は，まったく新しいスケールで考えられ，内部のオープンプラザは公共スペースの使い方では前代未聞の贅沢をしているのだが，ドーフィーヌ広場の場合のように，1階部分に店舗を並べて半商業的性格を与え，周辺の中世の町と関係を持たせるという計画はいっさいなかった。町はずれに新しく出現したこの華やかな舞台に居を構えた上流階級の人々は，町の中で営まれる日常的な仕事とは直接のかかわりもなく切り離されていた。この新しい地域で生活することは，町の中心に用事があれば，歩くか，馬に乗るか，馬車に乗って行くかしなければならず，これは新たな問題となった。結局，王宮広場は新しいマレ地区の豊かな中心地となるどころではなく，隣接の活気に満ちた中世の町にしがみついた大きな都市型寄生虫にすぎなかった。町にそれが必要であったのではなく，それが町を必要としていたのである。

フランス広場では，同じような理由で，計画段階から実現にまでこぎつけたものはほんの一部に限られてしまった。他の2つの開発は，新しい〝階級意識を表す〟住居に対する純粋な要求に合わせたのであるが，一方，職人や商人のような下層階級用に計画的な住宅地域をつくるというさし迫った必要はパリには

なかった。彼らは中世の町の古い通りのあちこちに散らばり，自分たちにふさわしい場所を見つけていた。目的のはっきりしない大きな公共用建物に関していえば，まだ市街化の進んでいない地域では，それほど多くの公共施設を用意することができなかった。さらに，放射状の新道路建設費用も，これらの孤立した建築物にだけ通じる道路という点からいっても，それを正当化することができなかった。それらの道路は，その地区が自然に成長してくるのを待たねばならず，それに先だって建設することはできなかった。

ドーフィーヌ広場は，多くの点から見て，3つの中で最も都市的な計画であった（図18，34，45）。適度な規模で，居住用と商業用の混合用途をもち，そのうえ，セーヌ河の両岸の活気ある地区からそう遠くないという中央の地の利を得ていた。だが，中央の位置にある利点も，シテ島の先端が河の両対岸から切り離されたままになっている限りは，現実のものとはならず，単なる可能性に過ぎなかった。

そこで，ドーフィーヌ広場を生かす鍵は，島の先端を横切る新橋の建設にあった。実際にポン・ヌフ橋の構想は，ドーフィーヌ広場計画の前からあった。アンリ3世が1578年に最初の礎石を置いたのだが，その橋は宗教戦争（1562―1598）の間，未完のまま放置された。1598年，アンリ4世は橋の建設を再開し，デザインも修正して，一層シンプルなものにした。左岸へは，新ドーフィーヌ通りをビュシー門まで真直ぐ貫通させた。ビュシー門は，依然として孤立していたサン・ジェルマン・デ・プレ村とにぎわう市場への通り道となった（図36，47）。この橋と道路が，アンリ4世がパリの発展に対して果たした最も重要な貢献であったことは疑いない。サン・ジェルマン村はこのとき発展の途についたのであった。

その後まもなく，ルイ13世の未成年時代に，パリの東端が同じように注目されるようになった。セーヌ河の2つの不毛の島が結合して，サン・ルイ島を形成し（図36，42，48），企業家クリストフ・マリーの会社によって開発された。その立地条件や急速な開発の必要性から全体が格子状に地割りされたが，その中にオープンスペースをとるほどの贅沢は許されなかった。地割りの厳密さに対する埋め合わせとして，将来の居住者に対して，建物の均一なデザインを押しつけることはなかった。そこで，東南部にある壮大なブレトンヴィリエ館から1階に店舗を持つあまり大きくない共同住宅に至るまで，さまざまな規模の建物が狭い街路に並んだ。また2つの新しい橋，マリー橋とトゥールネ橋の建設によってサン・ルイ島は孤立せずにすんだ。

この時代には，フランスの広場計画で最も特徴的なものも実現された。すなわち，当初から計画のあった放射状道路のうちの数本が建設されたが，これは16世紀のローマのポポロ広場から延びている道路パターンを連想させた。1636年

ごろ完成の主要幹線道路，すなわち南に向かって延びるシャルロット通り，東へ延びるポワトゥ通り，北西に延びるアンジュ通りは，マレ地区を効果的に囲んでいた（図46）。だが，このグループで最も重要な道路は長い新サン・ルイ通りで，新興の北東地区を王宮広場(プラス・ロワイアル)と結んだものであった。中心に計画されたフランス広場が建設されなかったという事実にもかかわらず，これらの道路が完成し，いまなおその重要性を維持し続けていることは注目に値する。それは200年後にオースマンが繰り返すこととなる経験だった。というのは，すでに述べたように，彼の最も重要な連結道路の中には，一端あるいは両端ともに重要でない場所で終わっているものがあるからである。

1358年のエティエンヌ・マルセルの革命以後，それまで国王と都市の間で保たれていた見事な調和が崩れてしまった。シャルル5世は，その反乱の間，シテ島の旧王宮でかろうじて暗殺から免れ，そこからバスティーユ近くのサン・ポル館へと移った。国家機能はルーヴルの城砦に守られながら働き続けた。その後，15世紀末まで，シャルル5世の後継者たちはほとんどロワールの城で時を過していた。このように町のはずれや外側へ移動する傾向は，昔から王族の性格に見られる特質であった。

都市の利益と国王の利益とは，もはや同一でなかった。なぜなら，国王の勢力は，いまはもう都市だけを基盤としているのではなかったからである。代わりに，国全体の資源に依存していたが，その国も次第に統一され，国王に従属していた。こうした政治的変化が，パリにその影響を残さずにはいなかった。都市と国王の対立が次元の異なる2つの権力間の争いとなったとき，新しい都市形態は，中世都市では考えもつかなかった驚くほどのスケールの違いとなって現れた。厳密な形態とオープン・スペースをもつアンリ4世の構想は，このスケールの変化をはっきり示している。そして，この新しい傾向を最も端的に表しているのがルーヴル宮の発展であった（図34，49，50）。

古いルーヴル宮（図33）を取り壊して，同じ場所に新宮殿を建設するという考えは，フランソワ1世に始まったものだった。その計画は，後継者アンリ2世の下で，建築家ピエール・レスコーにより1550年に実行に移された[29]。ルイ14世およびルイ15世の時代に，チュイルリー宮とその庭園を含めてルーヴル宮は遂に完成したが，その形態の点からみると，セーヌ河とサン・トノレ通りに挟まれた地域が，組織的に西へ発展していくうえで大きな障害となっていた。今日では，ルーヴル宮は，多かれ少なかれ，完成した姿で常に存在していたと考えられがちであるが，実際はナポレオン3世によって完成されたのであった。巨大な複合建造物は，サン・ジェルマン・ロークセロワ聖堂の向い側の列柱のある東正面から，およそ半マイル西のチュイルリー宮まで延び，さらにその庭

園は遠くコンコルド広場にまで続いている。だが，ルーヴル宮の発展は，弱体化した都市勢力に対する国王勢力の意気揚々たる凱旋行進だったわけではない。3世紀にもわたる拡張の苦しみは，都市政治における貴重な教訓である。

大建築計画の実現が失敗に終わると，それは目的に対する財政上の欠陥とともに目先の利益にとらわれた特定の者たちの反対が重なったからだとすることがあるのは残念なことだ。ルーヴル宮の場合は，失敗は都市の自己防衛の結果と考えざるをえない。防護機構は，ごく簡単にいえば，徐々に侵入していくことで成り立っていた。すなわち，拡張を続けるルーヴル宮は手に負えない障害にぶつかったのである（図49）。

13世紀から14世紀初頭にかけて，1つのフォブールがサン・トノレ門の外側の古い要塞周辺に成長してきていた。整然と並ぶ街区は，その急速な発展を物語っている。そのフォブールの外郭境界線，つまりシャルル5世時代の市壁に取り囲まれたあたりに，聖王ルイの建設した，身寄りのない盲人を収容するカンズ・ヴァン病院があった。こうして，一つの建物が別の建物を押す形になったが，フォブールとともに，病院も激しく抵抗を示した。実際に，その建物と周辺地域は19世紀半ばまで残っていた。フランソワ1世とその王位継承者の野望がどうであれ，ルーヴル宮はセーヌ河に押しつけられた格好になり，さらに拡張するためには，絶体不動の障害物を迂回するほかなかった。

この初期の段階で最も重要な建物は，皇太后カトリーヌ・ド・メディシスのために建てられたチュイルリー宮（1563—1594）であるが，それはシャルル5世時代の市壁の外側の広々とした土地に建てられた。チュイルリー宮はそこに侵入していったのだが，次にまた，ひたすら成長を続けるフォブール・サン・トノレによって侵入された。結局，ルーヴル対パリの対決は引分けに終わったと考えられる。抑え難い力と不動の物とは，次第に，お互いに妥協するようになった。

歴代の国王にできなかったことが，ルイ13世の宰相によって成し遂げられた。カルディナール・リシュリューが，発展していく都市西端部に初めて本当の意味での宮殿を建設したのであった。マリー・デ・メディシスの居城リュクサンブール宮（1615着工）も思いきった企てであったが，その規模や豪華さにもかかわらず，それは町の南端の壁の外側にあった（図51）。パレ・カルディナール（1632年建設，1642年パレ・ロワイヤルと改名，18世紀には大々的に改修）は，サン・トノレ通りから，リシュリューが一部取り壊したシャルル5世時代の市壁を越えて，大胆にも北に延びていた。まさに宮殿にふさわしい規模であった。幼いルイ14世は，父の年老いた宰相が1642年に死亡した後，その宮殿を王家に残していったことを喜んだ。1年後，王位を継承した彼は，母で摂政のアンヌ・ドートリッシュとともに移り，パリ滞在中はそこに住んだ。また彼の第1

宰相で，皇太后お気に入りのカルディナール・マザランは，新しいパレ・ロワイヤルのすぐ背後に自分の宮殿を建てた（図62）。リシュリュー通り（図49）は，町の境界がチュイルリー庭園（図33）の西端になるように拡張された市壁（ルイ13世の市壁と言われる）に，新たに囲まれるようになった処女地を切り開いていった（図34）。大きな感嘆符のように，市の西端を越えて延びているパレ・ロワイヤルは，ルーヴル宮に劣らぬほど，その地域の体系的発展に対する障害となった。

東インドでの地盤を築こうとしたフランスの努力が，オランダや英国との競争に直面してその成果に限界がでてきた一方で，シャンプランの北米探険と，1609年のケベック建設により，フランスに潜在的利益をもたらす植民地をその支配下に置いた。フランス人はまた，少なくとも1世紀の間，インドで莫大な貿易利益をあげていた。30年戦争（1618—1648）の間に見せたリシュリューの抜け目ないヨーロッパ政策により，フランスはヨーロッパにおける主勢力としてその争いから抜け出した。

国際的に見て，商業経済や科学の分野での進歩は，その速度，程度ともに目覚しいものがあった。都市の規模も当然それとともに変化しなければならなかった。リシュリューは国王にふさわしい宮殿を建てただけではなかった。アンリ4世によって20年前に確立された方向を踏襲しながら，彼は国とパリ市を次の100年間に進むべき方向に確実にのせたのである。

1606年のペスト流行の際，シテ島の古い市立病院（オテル・デュ）が成長都市の要求に充分答えられなかったとき，アンリ4世はタンプル門の外側に大きな疫病専門のサン・ルイ病院を建設して対策にあたった（図18，52，53）。リシュリューはソルボンヌを再建し，記念碑的な礼拝堂を中に建てた（1624—1642，図54）。ルイ13世は1641年，国立薬草園を設立したが，これは後の植物園の前身で，郊外のセーヌ河とビエヴル河の河岸に沿って，サン・ヴィクトル大修道院の裏手にあった（図55）。マザランは，新しく併合した地方から出てくる少年たちのために建てられた国立第四大学に，彼の蔵書と基金を寄付した。1660年代にようやく建設されたその大学は，ルーヴル宮の向い側の左岸に最後まで残っていたフィリップ・オーギュスト時代の壁の古いネスルの塔跡にあった。

医療に対しては，将来にわたって専門化した施設が必要となり，植物園の先の古い兵器庫を改造して，精神異常者を収容するサルペトリエル病院が作られた（1656年，図56）。修道院建築もまた，並はずれて大きくなった。1638年，ルイ14世の誕生に驚喜したアンヌ・ドートリッシュは，エスコリア修道院やサン・ペテルス修道院に匹敵する複合建築をパリの南端に建設した。それがヴァル・ド・グラース教会と修道院である（図57）。

ルイ14世の顧問のコルベールは,公共建築の規模をいっそう大きくしていく傾向を踏襲した。ルイ14世をパリにとどめておきたいがために,彼はルーヴル宮の完成に全力をあげた[30]。だがルイ14世は,コルベールの言いなりにはならなかった。アンリ4世が確立した都会に住むという伝統を破って,彼はヴェルサイユ宮殿に移ってしまった(図58)。コルベールは,郊外のビエヴル河畔に長い間住みついていたフラマン人のゴブラン織職人を集めて,パリ郊外に最初の工業地帯を造った。シャルトルー修道院(1798年破壊)の裏にある天文台(オブザバトワール)は,市内で初めての科学研究施設となった(図59,60)[31]。ルイ王朝時代の絶え間ない戦争による傷病兵や老兵士を収容する施設,巨大なアンヴァリッド(1671〜1676)と,そのすぐ裏に,ジュール・アルドゥーアン・マンサールの手になるサン・ルイ大聖堂(1679—1708)が遂に完成したとき,パリは文字通り壮麗なバロック大建築物によって取り囲まれた。問題は,それがパリの発展に貢献したか,あるいは妨げとなったかである。

古いルーヴル宮を市の西端に再建しようとしたフランソワ1世の決定は,歴史的な結果を招いた。町は,国家の財力と権力をいままでになくしっかりとその手中に握っている宮殿に対し,戦うことも無視することもできなかった。徐々に,だが確実に,都市の重心はシテ島や右岸から離れ,まるで磁石で引かれるように市の西端にある新しい政治勢力へと引き寄せられていった。

前述したように,ポン・ヌフ橋(1578—1606)はフォブール・サン・ジュルマンを開いた(図18)。シャルル5世時代の市壁の取壊しとリシュリュー通りの建設(図62)は,フォブール・サン・トノレの開発のための下準備であった。17世紀末までに,この2つのフォブールは,中流上層階級(ブルジョアジー)や都市貴族の住む高級住宅地になっていた。この地域が徐々に発展していった過程は,チュイルリー宮のすぐ東側でセーヌ河を渡るポン・ロワイヤル橋の歴史の中にたどることができる。1550年にアンリ2世は渡し船業を許可していたが,それは左岸のバク(渡船)通りに名残りをとどめている。1632年,南側のボーヌ通りに隣接して木の橋が造られた。1652年に焼失後,ふたたび木の橋が架けられた。2度目の橋が1684年の洪水で流失されたとき,ルイ14世はいまでも残る石橋の建設を決定した(1685—1689)。市の西端はすでにパリの新しい中心地になっていたのである。

この地域は,ルイ14世の晩年の2つの都市計画によりますます盛大に発展していったが,そのいずれもが,どこにでもいるような建築家アルドゥーアン・マンサールによって手がけられた。その1つ,1685年に計画された円形のヴィクトワール広場は「国王の大袈裟なへつらいの作品」[32]どころではなかった。パレ・ロワイヤルの後方で急速に発展してきた金融,商業街の真中にあるこの広場か

ら新旧の道路が四方八方に延びていた（図63）。かつてはフィリップ・オーギュスト時代の壁のすぐ外側にあったクロワ・デ・プチ・シャン通りが，ヴィクトワール広場とルーヴル宮をつないだ。

一方，2つの新道路（現在のマル通り，クレリ通り，アブキル通り）は，シャルル5世時代の古い市壁と濠の線に沿って延び，ヴィクトワール広場とサン・ドニ門（1672年再建）を結んだ。これらの道路はこの計画になくてはならない重要な要素であったと思われる。パレ・ロワイヤルとマザラン宮殿の間を広場から西の方へ，フォブール・サン・トノレ通りに平行に走るヌーヴ・デ・プチ・シャン通りも同じく重要な道路であった。マザラン宮殿（1645年）はそして，間もなく国立図書館および商業の新しい中心地，株式取引所（ブルス）となった。これらの道路の距離が長いこと，そしてヴィクトワール広場の真中にある黄金のルイ14世像を中心に集まっていること，そしてさらに，広場を囲む建物がモニュメンタルに統一された壁面構成をもつことなどは，単に絶対専制君主の権勢を示すだけでなく，都市の"巨大事業"の新しい息吹きを感じさせるものであった。

ルイ14世の第2の計画，新ロワイヤル広場（現在のヴァンドーム広場）はさらに西の地域の，いっそう魅力的な中心地となったが，前の計画と同じように考察する価値がある（図49, 64）。新広場のまわりに国立図書館や学校を配しようとしたルイ14世のプランが失敗に終わったこと，また広場がもう一つの上流階級の住宅地になったことは，公共事業よりも市街地の関連事業の優位性を示すものであった。

新ロワイヤル広場をアンリ四世の旧ロワイヤル広場と比較して，住居が「旧ロワイヤル広場に住んでいた有用な市民にではなく，その周囲にホテルを建てた大金持ちの少々派手な金融業者の手に渡された[33]」ことを嘆いてみてもむだのようである。事業の規模も建築の規模も，また財界実業家の住む家のイメージも，アンリ4世の時代とはすっかり変わってしまっていたのである。

前述のアンリ4世時代の広場に関する論評は，そのままこれらのバロック様式プロジェクトにも当てはまる。どちらも，それまで空地であった場所に建設された。どちらも最初は半寄生的存在で，与えるより受けとる方が多かった。ヴィクトワール広場は，フィリップ・オーギュスト時代の旧市内の西端にあるサン・トゥスターシュ聖堂や中央市場周辺の活発な商業地区と密接な関係にあった。新ロワイヤル広場は発展を遂げ，活気あふれるフォブール・サン・トノレ通りによって都市生活を維持していた。ここでもまた，広場につながる街路の方が都市的観点から見ると，広場そのものより重要だったのだろう。

ヴィクトワール広場に面した建物の斬新的改修は，活気ある都市環境がいかにして最も扱いにくい抽象概念を使用可能な形態に作りあげるかを実証している。ヴァンドーム広場が同様の改造を許さないのは，おそらく，一様のファサード

の裏に建つ種々雑多な建物のために，前のファサードに手を入れることなく，かえって少しずつ適合させていきやすかったからだろう。大きな計画や制度が現れては消える。が建物は残る。都市はその建物と共存していくか，あるいはそれを取り替えていかねばならないのである。

ルイ14世の時代には，ルーヴル宮に迫っていた過密地帯を排除することができなかったが，一方では，チュイルリー宮の西の地帯を開発して，バロック様式の見事な庭園を出現させた。マリー・ド・メディシスは，チュイルリー庭園の西のセーヌ河沿いに，人々の集まる並木の遊歩道，女王の散歩道(クルス・ラ・レーヌ)を作っていた。1660年代に，ルイ14世の造園家アンドレ・ル・ノートル(1613—1700)は，宮殿庭園の修復にとりかかった。後のコンコルド広場にぶつかる西の境界線まで花壇や芝生が幾何学的に配置され，すっきりと整えられた。そこから先は，大きな樹木が並ぶ軸性の強い街路が西へ向かい，シャンゼリゼの整然とした並木道を通り，放射状道路をもつ第一の円形広場，現在のロン・ポワン広場まで続いた（図65）。18世紀初期には，この計画はさらにシャイヨの丘の頂上に向けて拡張され，二つ目の大きい円形広場エトワール広場で終わった。さらに西には，まだあまり形式の整っていないブローニュの森があり，長い斜めの横断道路が通っていた。そこは，洗練された庭園から広々とした田園地帯へと移り変わっていく過程での第三段階であり，ルイ14世の時代のスケールの大きな秩序感や合理性をしのばせるものがある。

成長期のパリは，オープンスペースに建設される公共施設に取り囲まれていたが，それは拡大していく都市組織を大きく裂くことに他ならなかった。広がっていくフォブール・サン・ジェルマンは，すでに西はアンヴァリッド大建築と接していたが，ルイ15世は，さらにもう一つ，それが将来西に広がるのを妨げるような特大の障害物を付け加えた。1751年，グレネル平野に陸軍士官学校を建設したのである。その広大な演習場シャン・ド・マルスはセーヌ河まで北西に広がっていた（図66）。

パリで最後の大広場は，国王の名を冠したルイ15世広場(1757—1772，現在のコンコルド広場，図67—70)で，ジャック・アンジェ・ガブリエルの傑作であった。その計画は，土地の一部を国が寄付し，財政は市が負担した。そのため国と市の両方の要求を満たさねばならなかったが，結局，当時の勢力関係に比例した配分となった。この広場は，都市の文脈から切り離して評価することはできず，またそうすべきでもない。これは，セーヌ河からマドレーヌ聖堂（近くの教区教会に代わって建設された）にまで広がる総合計画の一部で，その中には広場とフォブール・サン・トノレ通りを結ぶ3つの新しい街路が含まれていた。軸になるロワイヤル通りは，1732年にはすでに計画されていた。それに

平行して，両側にはそれほど広くない2本の街路，シャン・ゼリゼ通り（現在のボワシ・ダングレ通り）とサン・フロレンタン通りがあった。計画には，2つの中心地点ルイ15世広場とマドレーヌ広場，それを結ぶ軸，ロワイヤル通り，そしてロワイヤル通りとフォブール・サン・トノレ通りの交わる主要交差点が含まれていた。

ルイ15世広場は都市空間を作ることを意図したものではなかった。むしろ，東西に並ぶ壮大なバロック様式の宮殿の軸線を構成する2つの重要な場所，すなわち手入れの行き届いたチュイルリー宮庭園と，整然とはしているがあまり洗練されていないシャンゼリゼの遊歩道公園やセーヌ河沿いのマリード・メディシスの旧女王の散歩道（1616）とを結ぶ，上品な中間点となるように設計された。ロワイヤル通りに対しては，広場は新道路周辺に生まれた立入り自由な公共領域と宮殿敷地という立入禁止の私的な領域との中間地としての役を果たしていた。

パリの町は，北側が広場に面した2つの記念碑的な宮殿で始まり，そこで終わっている。ルイ15世広場を周囲の都市環境から孤立させようとの意図は，最初は水のない深い堀によって強調された。そのため，中心部は島のようになり，4箇所の橋を渡って中に入るようになっていた。しかし，ルイ15世の騎馬像がもともと中心にあったこと，八方の角に小さな歩哨小屋のような階段塔が置かれ，広場の輪郭を複雑にしたこと，また周囲の建物でも輪郭を明確にできなかったことにより，ルイ15世広場は，文字通りの〝広場〟ではなく，意図的に輪郭の不明確な，境界線もはっきりしないものとなった。

対照的に，ロワイヤル通りと両側の街路は定型的であるにもかかわらず，初めから商店と住居という都市環境を提供していた。ルイ16世の治世の最初の年に，コンコルド橋（1787—1791）がバスティーユから運んだ石を使って遂に完成すると，セーヌ河の両岸のいよいよ活気あふれる西部地域同士が直接結ばれるようになった。しかしながら，ルイ15世広場固有の反都市的性格を克服することは，何としてもできなかった。1792年には革命広場と名を変え，ギロチンが現れては消え（図67），1795年にその広大な空間はコンコルド広場となった。ナポレオン1世は計画中のマドレーヌ聖堂を寺院に変えた。ルクソールから運ばれたオベリスクが，国王の騎馬像に代わった。7月君主制の時代には，J. I. ヒットルフは噴水と彫像を加え，周囲の堀を埋めた。だが，広さだけがさらに大きくなり，その境界は余計わかりにくくなった。ロココ様式の傑作であった広場は，最初からそうであったように，いまでも巨大な円形交差点のままである。ロワイヤル通りとその補助街路は，真の都市需要に応じて作られたものではあったが，市内でも特に開発の激しい街区にできた手に負えないほど大きな裂け目を繕うにも限りがあった。コンコルド広場は，セーヌ河とシャンゼリゼ

通りに挟まれた地域の活発な都市開発を約1世紀にわたり妨げていたのである。"名物料理"に支払うには高すぎる代償であった。

革命以後の数年，パリにとって意義のある主要な建設としては，1795年に，ブルボン宮を改造し，新共和制の最初の立法議会の場にしたことだけであった。新しいコンコルド橋は右岸の町へ行く通路となった（図71）。
ナポレオン1世（図72）の壮大な意図にもかかわらず，彼にはパリを帝国の理想都市に変えるための時間的余裕がほとんど残されていなかった。凱旋門，列柱，マドレーヌ聖堂の帝国寺院への改造（1806年，図73），旧ナヴァール大学（1304年設立）における理工科大学（エコール・ポリテクニック）の設立（1805年），ルルク運河（1802年，図58）による上水道の改善などは別として，ナポレオンの重要な業績は，リヴォリ通り（1811年）の建設であった。これは両側の建物の1階部分がアーケードになった商住混成街路で，ルーヴル宮や市内をコンコルド広場と結んでいる（図71）。キャスティリオーネ通りは，リヴォリ通りから分岐して，ヴァンドーム広場へ向かう。また，少し東寄りの新ピラミッド通りも，ヌーヴ・デ・プチ・シャン通りにつながる街路だ。これらの新街路は，いまでこそ重要になっているが，当時はそれほど重要ではなかった。
ナポレオンの死後，数年を経て完成した凱旋門（1806—1836）は，パリっ子たちをシャンゼリゼ通りの一番端にまで招き寄せた。しかし，1780年代にルドゥーの通行料徴収門（図74）とともに建設された，市壁のはずれにあるエトワール広場が都市の一部となるには，19世紀半ばのオースマンまで待たねばならなかった（図75）。
ブルボン王朝は，「学ばざれば，忘れざるなり」とのことわざにあるとおり，王制復古の間は，ほとんど進展がなかった。ルイ・フィリップとパリ生まれの県知事ランビュトー伯爵は，刑務所，病院，養護施設，学校，図書館，そして新しい中流階級が要求した街路などの建設を開始した。市庁舎は，19世紀なりの規模に改修された(1837—1849)。成長していく都市行政に追いつくために新しい翼部を建てる一方，16世紀の中核部分はそのまま残された。外郭大通りの一部は舗装され，植樹された。乗合い自動車が初めて導入された。さらに重要なことは，ルイ・フィリップが都市間連絡鉄道の建設を支持し，最初の鉄道駅を完成させたことである(図8，9)。鉄道がその当時の市のはずれを終着駅としたことは重要な意味を持つ。このような鉄の線路を市の真ん中にまで引き入れることなど，だれも夢にも考えなかった。煙，すす，悪臭，列車が到着するたびに町に突然どっと吐き出される旅行者たちなど，駅がもたらす問題も町はずれの広々とした場所ではそれなりに解決されていた。このことは，駅が拡大する都市に飲み込まれてしまってから久しい今日，忘れられがちな鉄道計画の一

側面である。

こうした中から,ナポオレン3世とセーヌ県知事オースマンが登場したのである。

図43　ヴィクトル・ユゴーの家のある現在のヴォージュ広場（旧ロワイヤル広場）

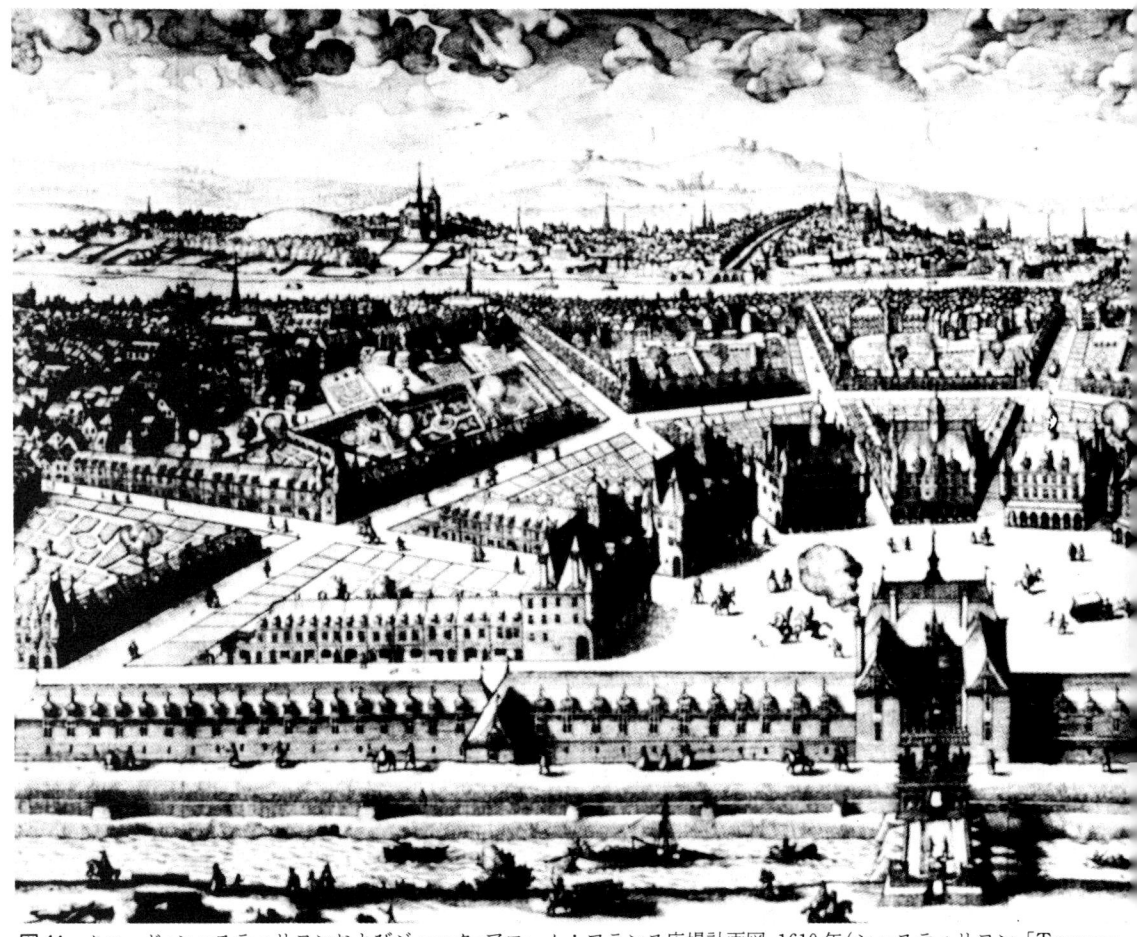

図44　クロード・シャスティリヨンおよびジャック・アローム：フランス広場計画図。1610年（シャスティリヨン，「Topographie Française」より）

図45　ドーフィーヌ広場。手前はポン・ヌフ橋。右は古い家を改造したもの

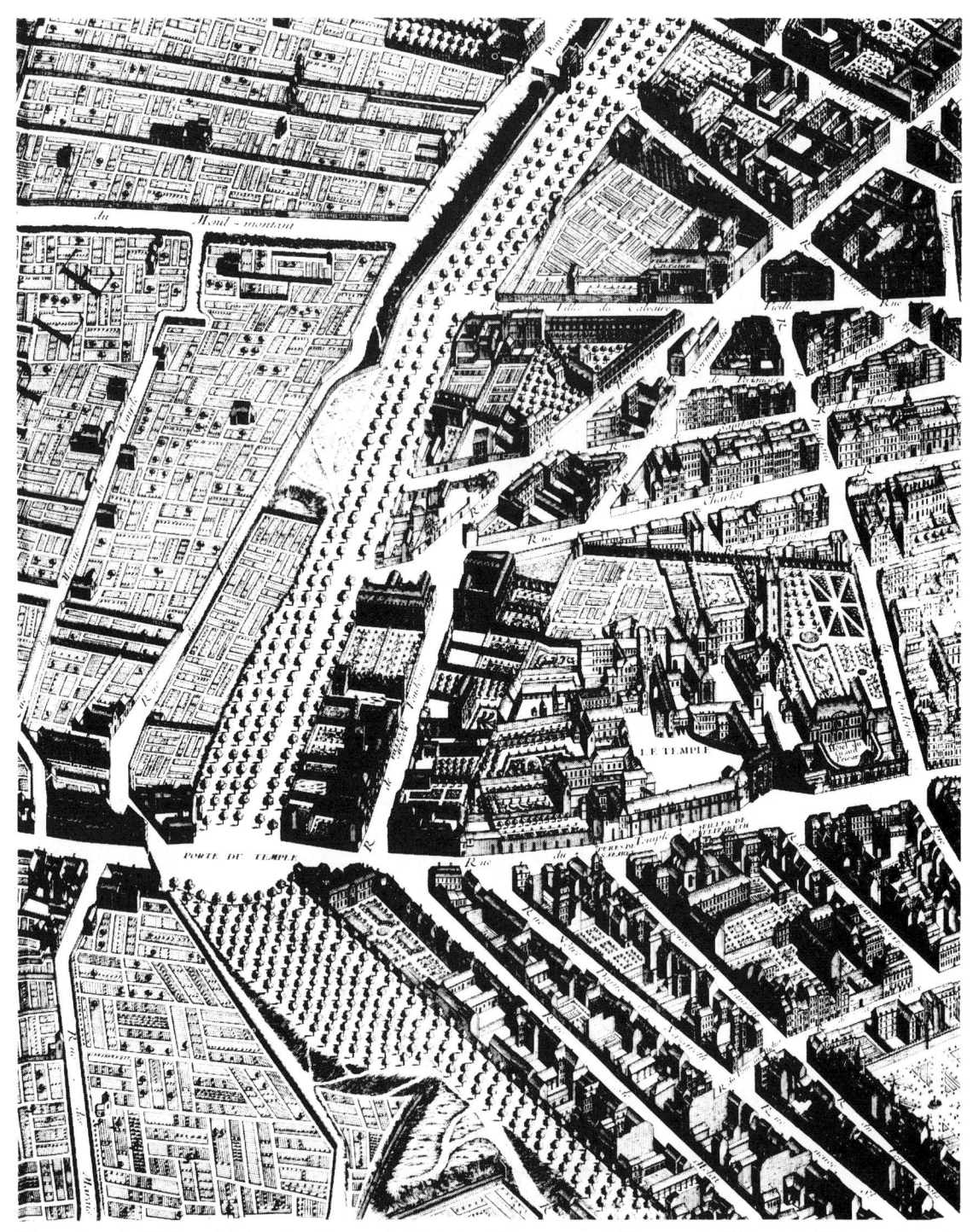

図46 タンプル門周辺。中央右は壁に囲まれた聖堂騎士団の建物。フランス広場はタンプル教団のすぐ裏側になる予定であった。シャルロット通りおよびブシェラ通り（もとはヌーヴ・サン・ルイ通り，現在はチュレーヌ通り）だけが，フランス広場計画の中で実現された。タンプル門は北側（チュルゴの都市図，1734）

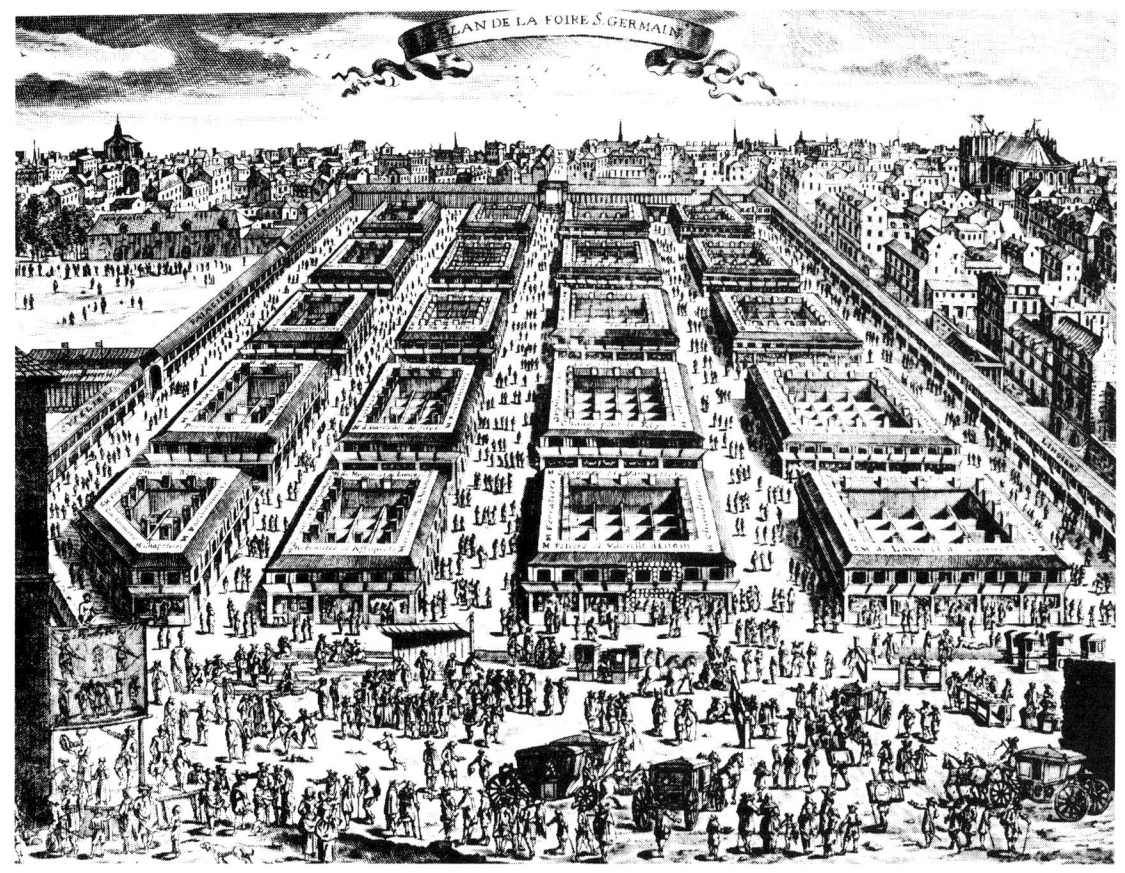

図47 サン・ジェルマン市場，1650年ごろ。右奥にサン・シュルピス教会（1645年着工）

図48 空から見たサン・ルイ島。島の東端を横切る斜めの橋（シュリ橋）は，オースマンの時代に，パンテオン（サント・ジュヌヴィエーヴ聖堂）との軸線上に建設された。サン・ジェルヴェ教会と（ルイ・フィリップ時代に拡張された）市庁舎は中央上

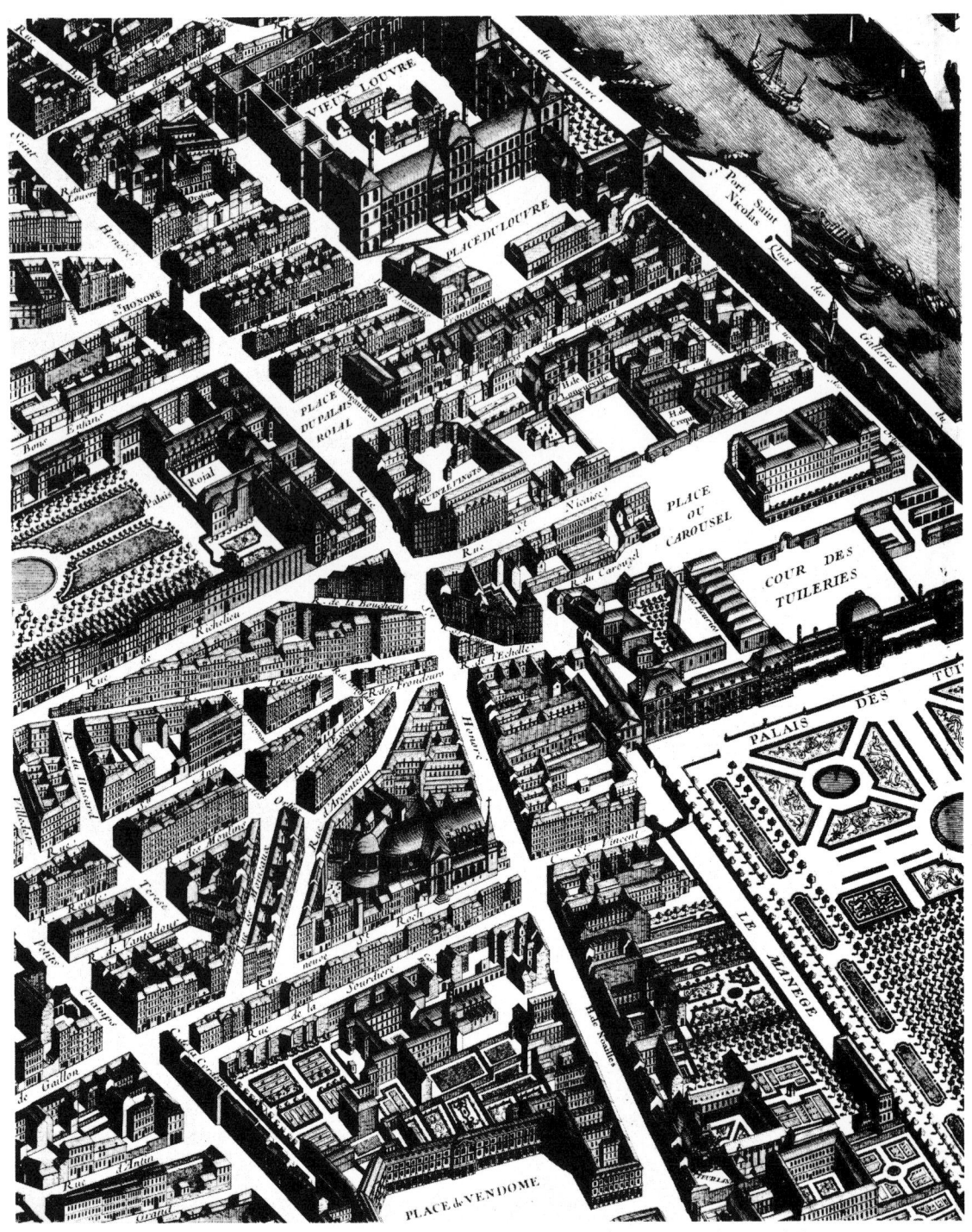

図49 ルーヴル宮とフォブール・サン・トノレ。中央、サン・ニケス通りの角に、カンズ・ヴァン病院。パレ・ロワイヤルとリシュリュー通りは中央左。右下にチュイルリー宮殿と庭園（チュルゴの都市図、1734年）

図50　1871年の火災の後のチュイルリー宮殿

図51　リュクサンブール宮殿南正面（サロモン・デ・ブロスによって1615年着工）。1870年ごろ。庭園は早くから公園となった。

図52 ジャン・バプティスト・オードレイ：市立病院およびプチ・ポン橋の火事，1718年。後方にノートル・ダム大聖堂（カルナヴァレ美術館，パリ）

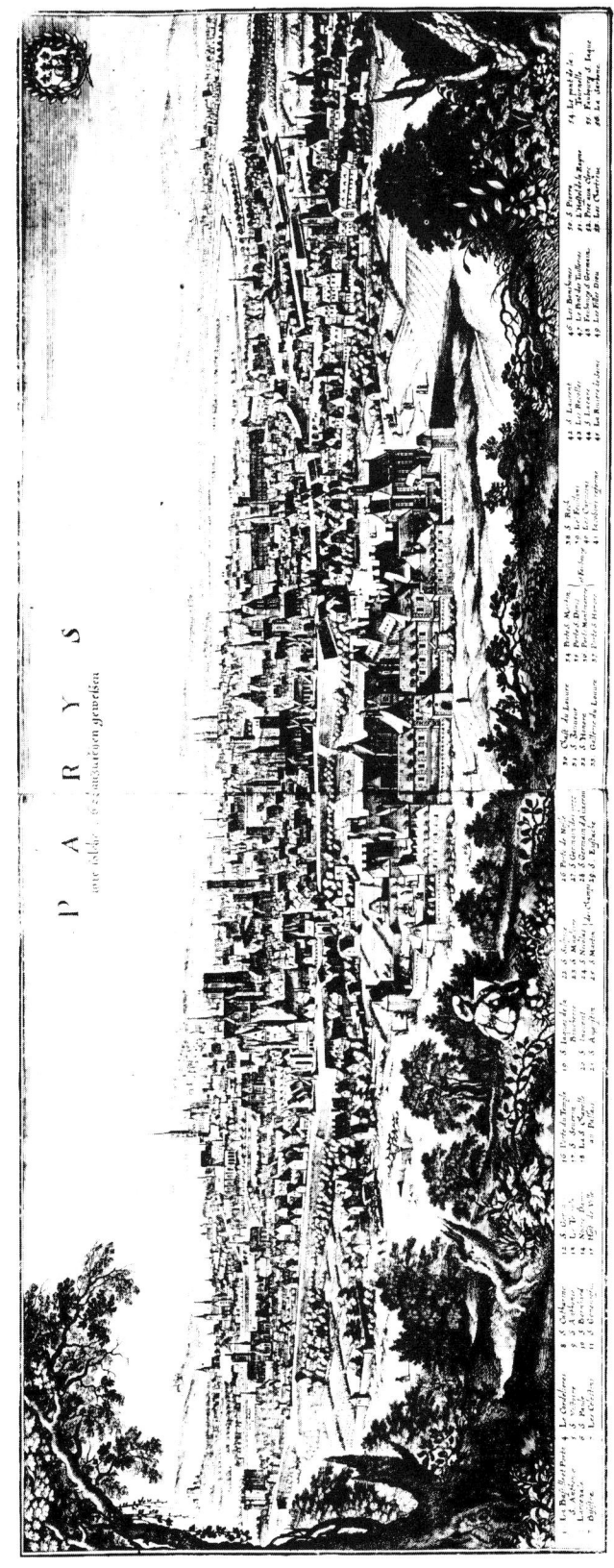

図53 北東方向からパリを望む。手前はサン・ルイ病院(1607年)。右手は、フォブール・サン・トノレの周囲に延びるルイ13世時代の要塞(メリアンによる俯瞰図、1620年)

図54　ソルボンヌ大学（テクシエより）

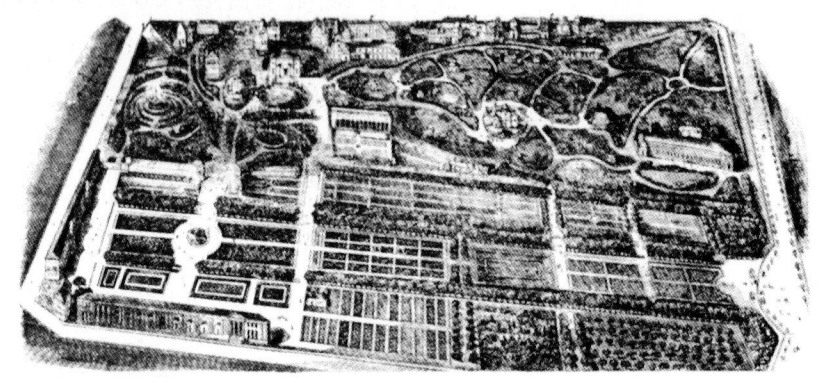

図55　植物園（テクシエより）

図56　空から見たサルペトリエール病院。右下にリベラル・ブリュアンによるチャペル　1670年ごろ

図57　空から見たヴァル・ド・グラース教会と修道院（1645年着工）

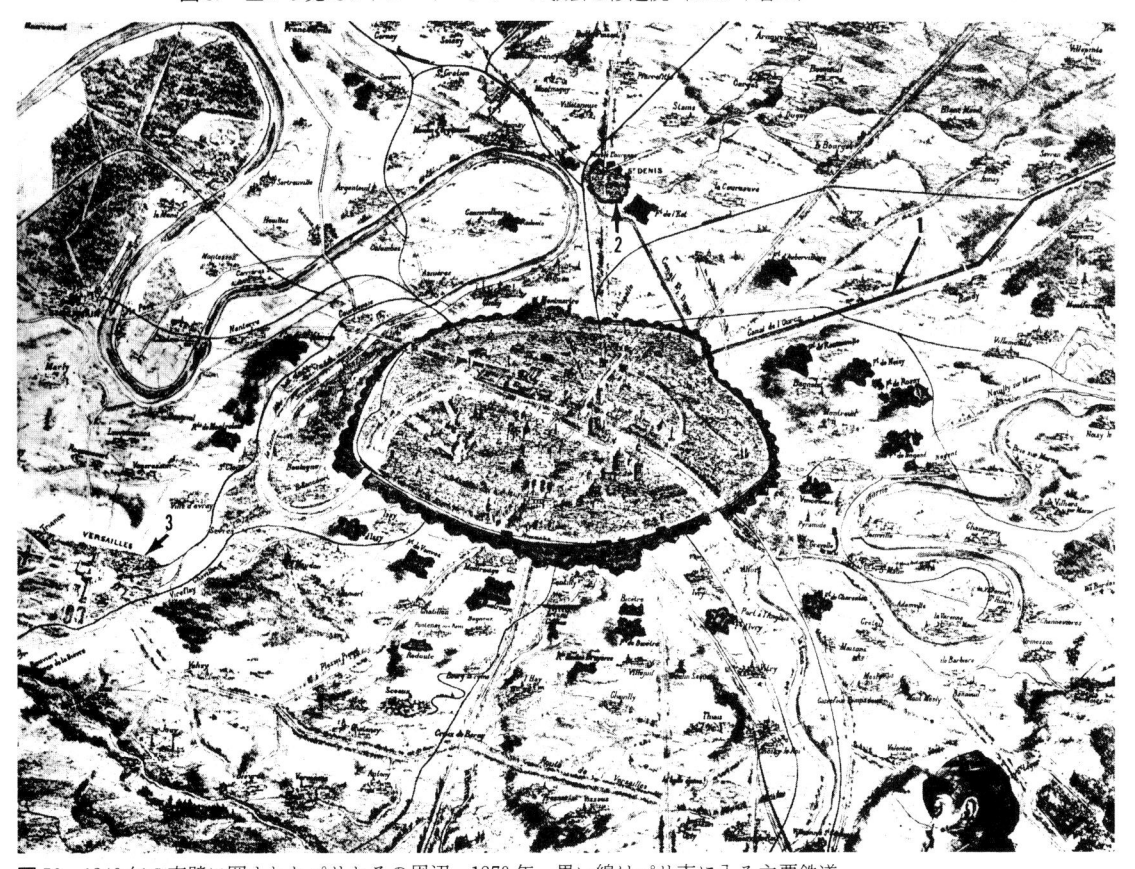

図58　1840年の市壁に囲まれたパリとその周辺。1870年。黒い線はパリ市に入る主要鉄道。
(1) ルルク運河，ナポレオン1世時代に建設，(2) サン・ドニ，パリの約10キロメートル北，(3) ヴェルサイユ

図59 1850年6月29日の気球上昇。後ろは天文台（シャルル・ペロールによって1667年着工）（テクシエより）

図60 天文台全景

図61 西からアンヴァリッド（リベラ・ブリュアンにより1670年着工）を見る。教会はジュル・アルドゥアン・マンサールの手になる（1679-1701年）。

図62 中央上にヴィクトワール広場。右上にパレ・ロワイヤルの庭園。中央のリシュリュー通りには、株式取引所と国立図書館を収容する旧マザラン宮。（この絵は図49の左側の部分）（チュルゴの都市図、1734年）

PLACE DES VICTOIRES
Petite R. de la Vrillere
R. de la Feuillade
R. des Petits Peres
R. des Bons Enfans
Ecur. de M. le Duc d'Orleans
LA BOURSE
Vivienne
Compagnies des Indes
Rue
Bibliotecque du Roi
Rue Colbert
neuve
des
H. de Louvois
Rue
neuve
R. Ste Anne
Nouvelles Catholiques
H. de Pont Chartrain
H. de Gramont
Saint
H. de Gevres
Augustin
Uzelles
H. de Ferriol
H. de Conti

図63　ヴィクトワール広場（マンサールにより1685年着工）。1734年のチュルゴの都市図。上が東。フォッセ・モンマルトル通りは現在のアブキル通り。ヌーヴ・デ・プチ・シャン通りは右下

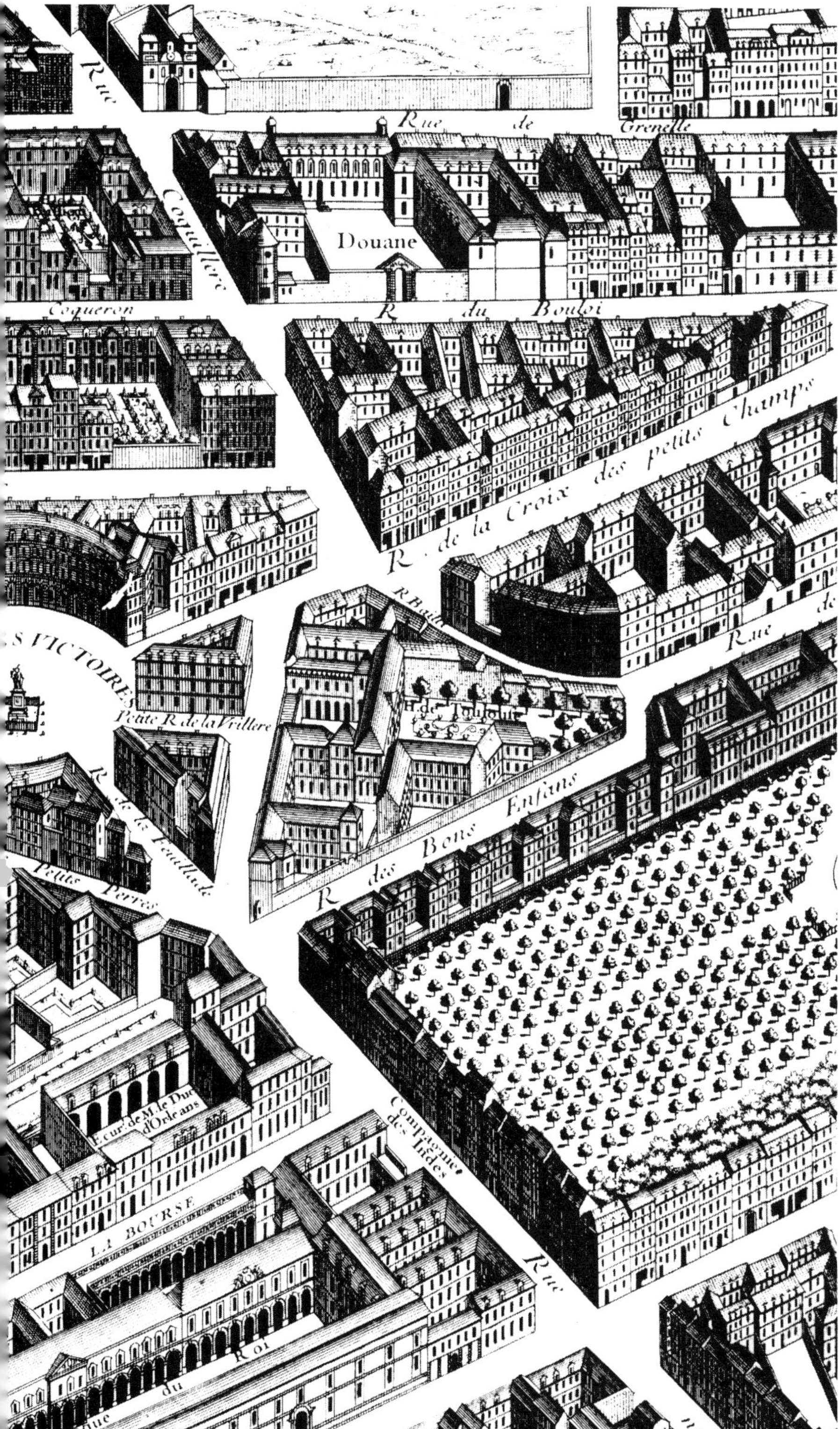

Rue
Rue de Grenelle
Douane
Coquillere
Coqueron
R du Bouloi
R. de la Croix des petits Champs
S VICTOIRES
Petite R de la Vrilliere
R Baillif
Rue de
R. des Bons Enfans
Petits Peres
Ecur. de M. le Duc d'Orleans
Compagnie des Indes
LA BOURSE
Bibliotheque du Roi
Rue

図65 チュイルリー宮と庭園。西を見る。遠景はシャン・ゼリゼ通りとシャイヨの丘。フォブール・サン・トノレは右（マリエットによる版画。17世紀末）

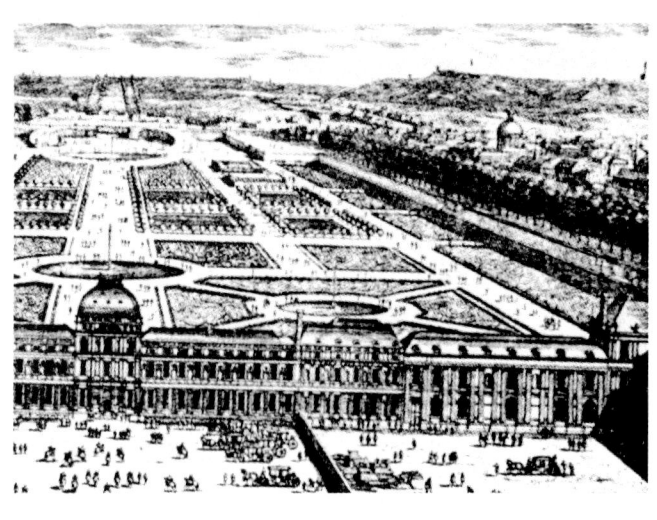

図64 ヴァンドーム広場（「Paris et les Parisiensau XIXe Siècle. Moeurs, Arts, et Monuments」（パリ，1856年）より）

図66 シャン・ド・マルスと陸軍士官学校（1751年）。1777年（レスピナスによる版画）

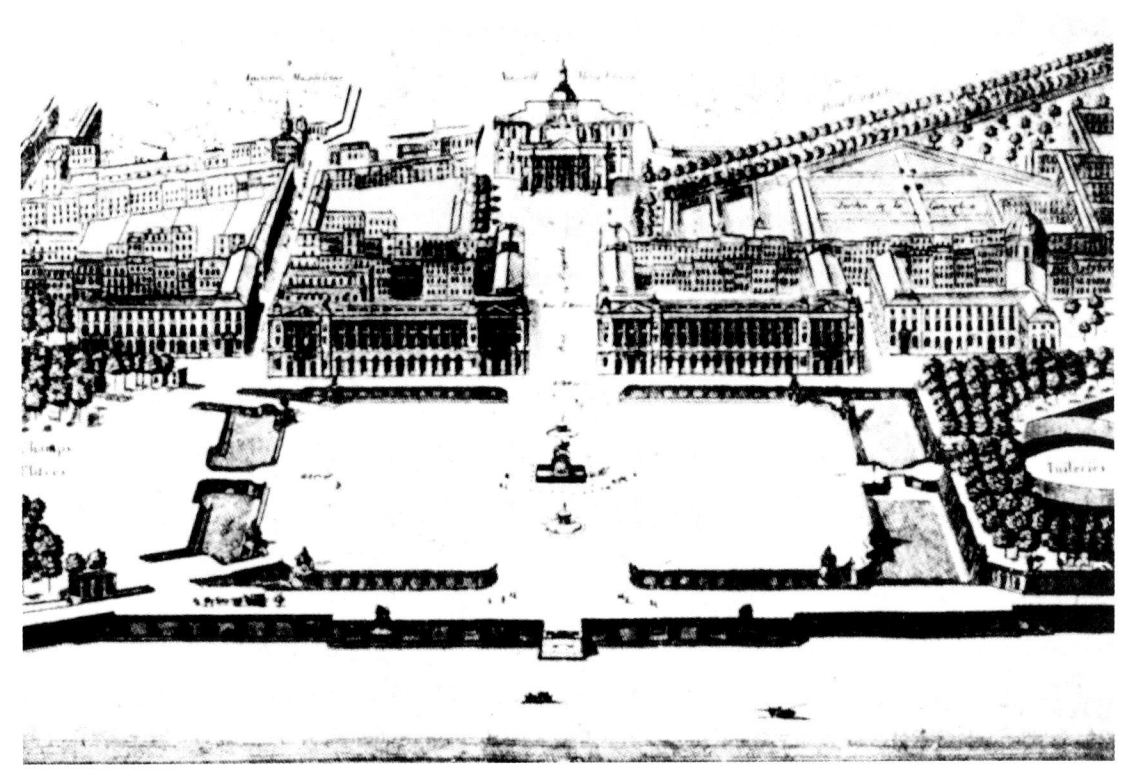

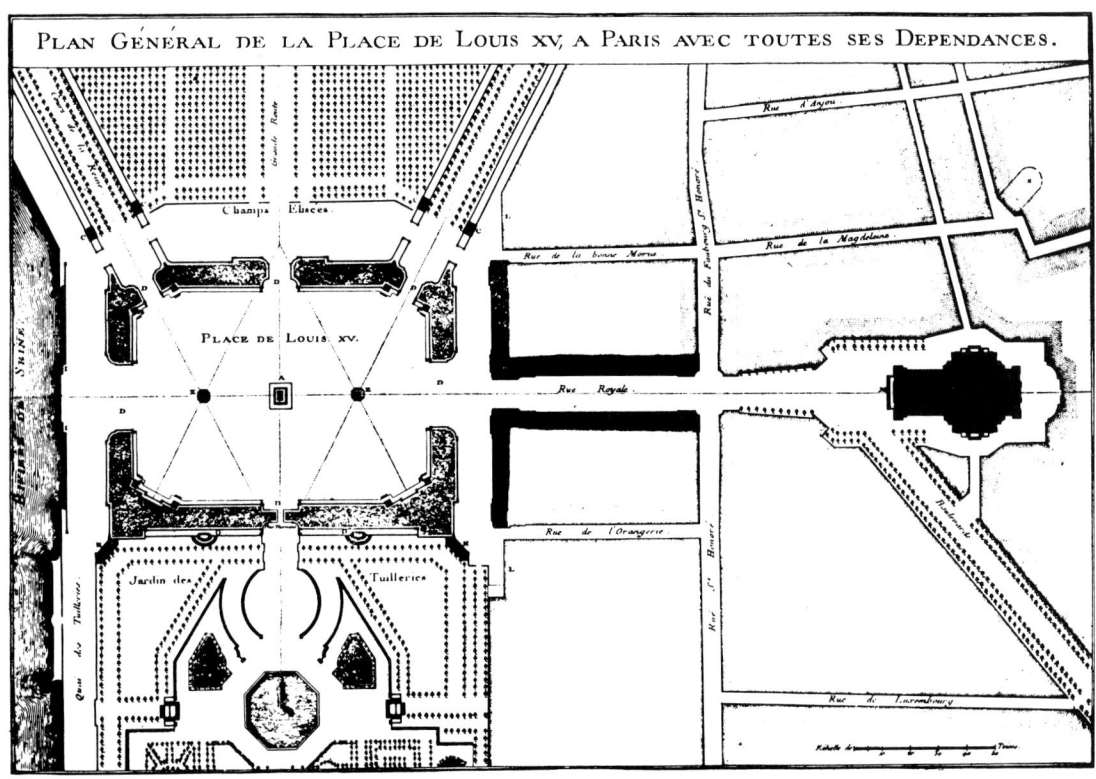

図67　ジャック・アンジェ・ガブリエル：1753年着工のコンコルド広場。上は俯瞰図（下にセーヌ河）。下は平面図（左にセーヌ河）

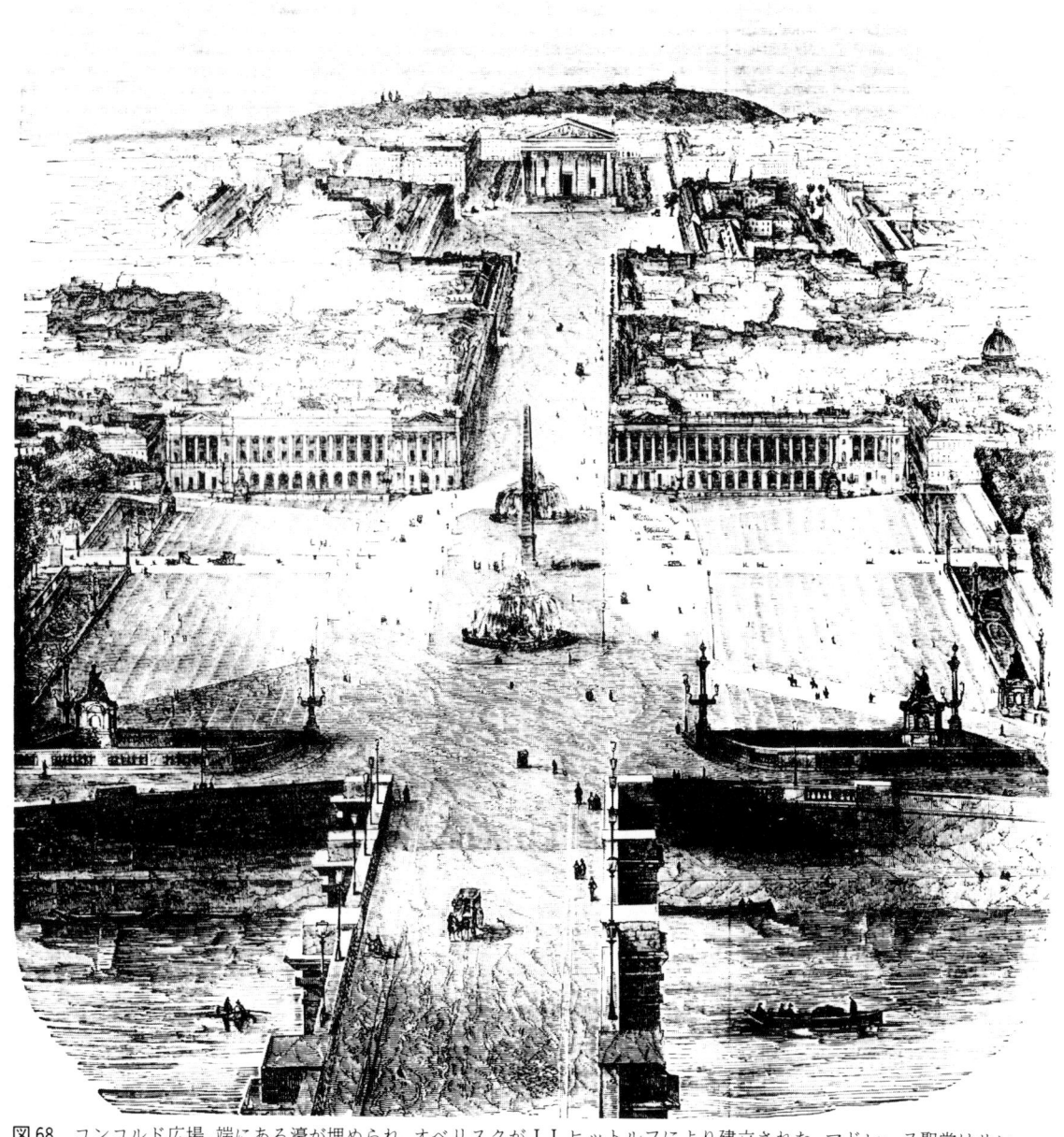

図68 コンコルド広場。端にある濠が埋められ,オベリスクがJ. I. ヒットルフにより建立された。マドレーヌ聖堂はサン・トノレ通りの北にある（テクシエより）

図69　1793年1月21日，コンコルド広場において，ルイ16世の処刑。ベルトールの版画（個人所蔵）

図70　コンコルド広場全景。真中がチュイルリー庭園。左にリヴォリ通り，右下にコンコルド門

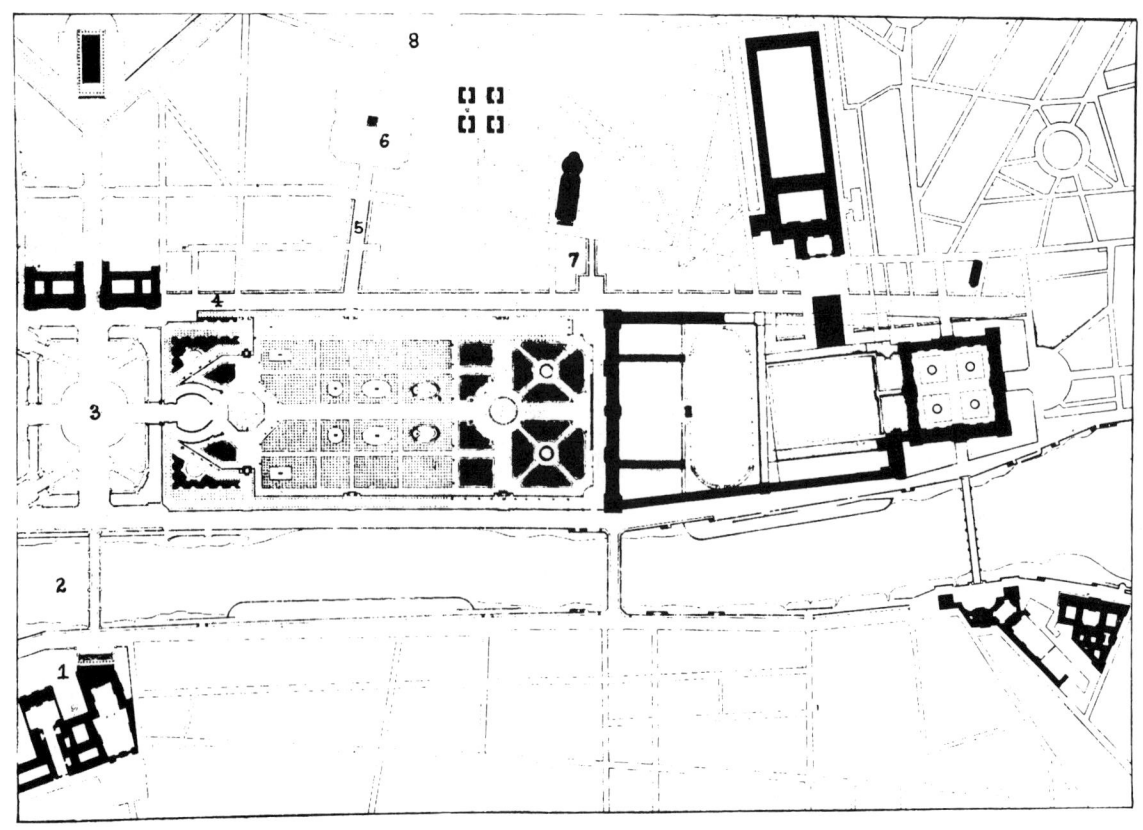

図71 ナポレオン1世によるリヴォリ通り計画。
(1) ブルボン宮, (2) コンコルド門, (3) コンコルド広場, (4) リヴォリ通り, (5) キャスティリオーネ通り, (6) ヴァンドーム広場, (7) ピラミッド通り, (8) ヌーヴ・デ・プチ・シャン通り(ペルシエ, フォンテーヌ共著「Monuments de Paris」より)

図72 ゴッス:「建築家ペルシエとフォンテーヌの計画案を見るナポレオン1世」(モレル・ダルロー所蔵, パリ)

図73　ロワイヤル通りからマドレーヌ聖堂を見る。1900年ごろ

図74　クロード・ニコラス・ルドゥー：シャンゼリゼ通りの入市税徴収門。1791年

図75 西から見たパリ。1889年。エッフェル塔のある国際見本市は右下。真中に凱旋門とシャンゼリゼ通り。北駅および東駅は左上。パンテオン（サント・ジュヌヴィエーヴ聖堂）とヴァル・ド・グラースは右上

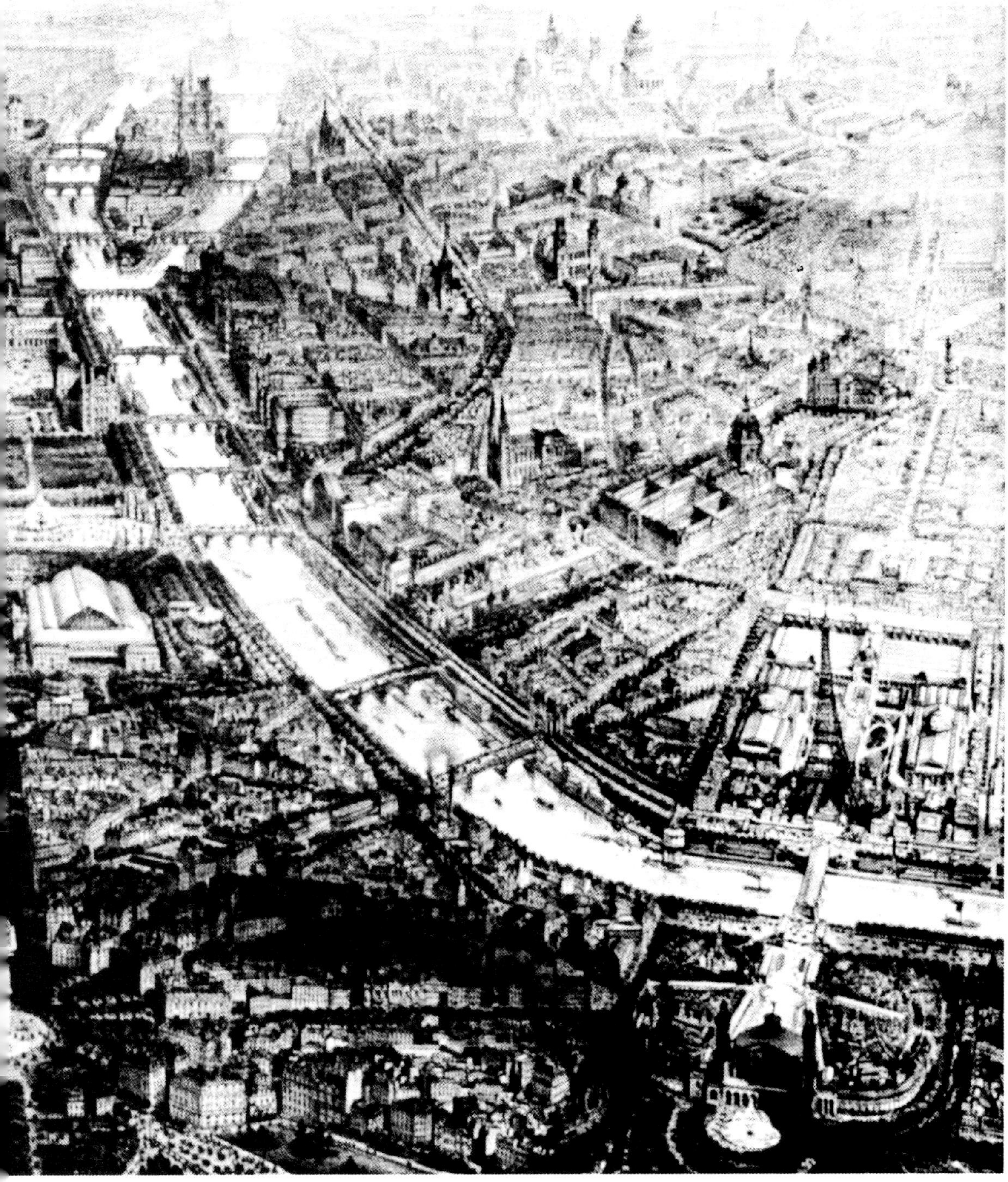

図76　1850年ごろのパリ。1840年にできた市壁に囲まれている。

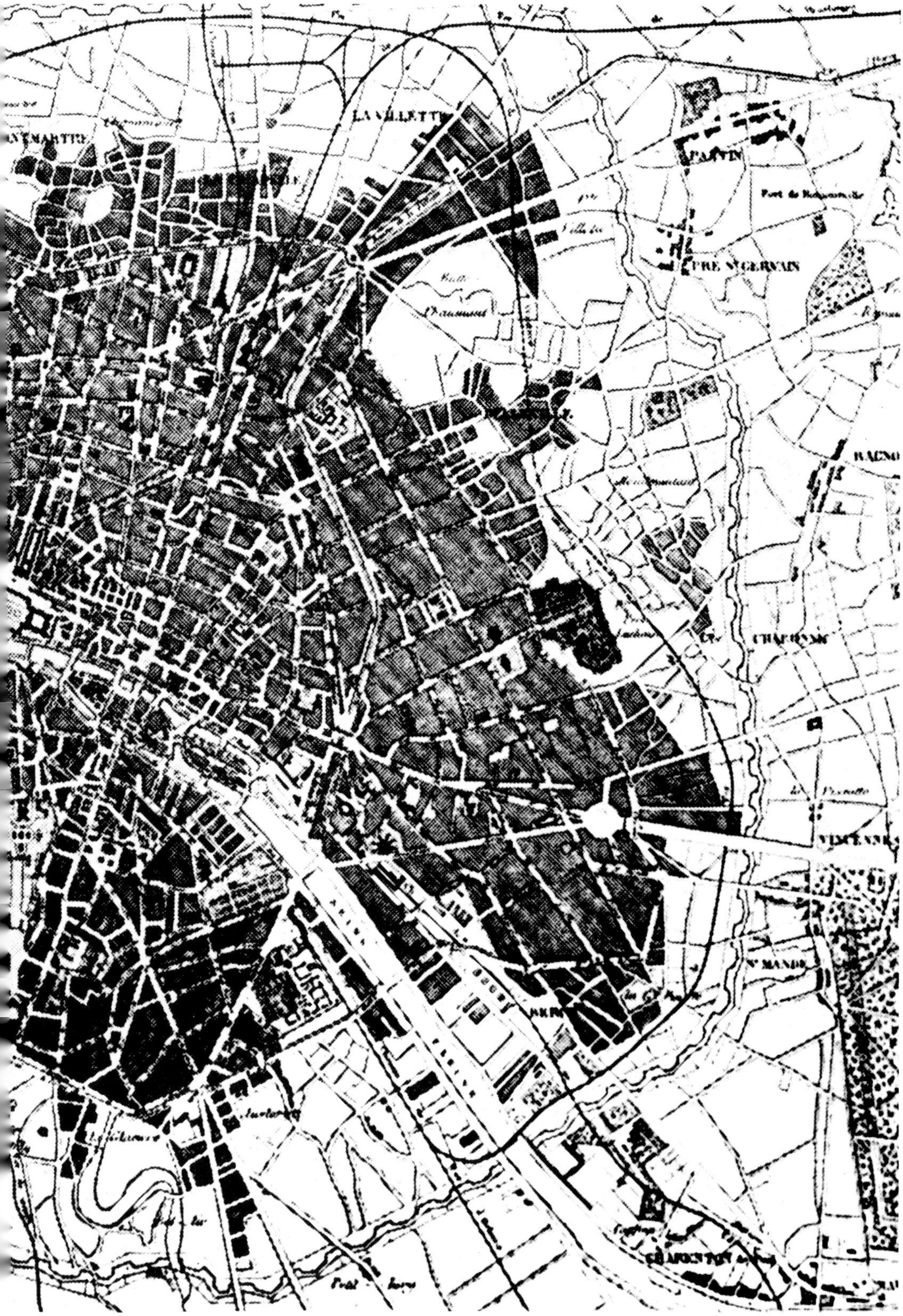

歴史的評価：2

都市としてのパリは，都市の商業利益が増大していく人口集中と効果的に運動して発展した。中世都市に各種の大規模な拡張を行うことによっていろいろな可能性が増えただけでなく，問題も生じた。ブルジョア革命，産業革命，そしてその結果起こった都市人口の大膨張の影響についてはすでに論じた。1850年には，パリは変革後の状況にもはや適合せず，その多種多様な問題に，何としても一致団結してぶつかっていく必要があったことはだれもが認めるところだろう（図78）。ナポレオン3世とオースマンによる計画の実態，およびそれに対する主な批評家たちの見解はすでに概説した。大きな努力が払われたことはだれもが認めるのだが，それが都市的，美的，社会的に，どの程度成功したかについては意見が分かれるところである。

第2帝政時代に建設された大規模な上下水道設備や道路照明設備の重要性については異論を唱えるものはない。どの観点から見ても，これらの設備は他のすべてのものの基本であった。意見が一致するのはここまでである。新しい街路を好む批評家がいれば，公園や新しい建物を好む者もいる。一方には，オースマンの計画の個々の様相をあるいは全体を，美的に不完全だとか，社会的に不適当だとかいうことで排斥する者もいる。

いくつかの重要な点が見過されているように思える。19世紀のパリの下層階級の住宅を妥当であったと考えるか，あるいは不十分だったと考えるかにかかわらず（そして，何が妥当な生活条件で，何がそうでないかという考えを強制的に押しつけることこそ，20世紀の多くの都市計画家の，きわめて重大な欠点の一つなのだが），いずれにしても下層階級は1850年当時のパリに満足していた。多くの人々は，何世紀もの間住み慣れた旧市内で生活し，働き，遊び，死んでいった。旧市で具合の悪いところがあるとすれば，急増する人口に適う十分な広さがないことだった。

しかし，その問題は，従来の方法でかなり解決されていた。あとから来た者は，急膨張していく周辺部に住みつかねばならないというだけのことだった。事実，1850年代までには，数多くの新参者が18世紀の市壁の外に広がり，1840年代に7月君主政が建設した新しい市壁の環の内側の辺ぴな村やその周辺に住みついた（図58）。仕事がつらく，収入も減って農地を捨ててきたばかりの新参者にとっては，都会は産業奴隷の牢獄ではなく生活水準の向上を約束するもののよ

うに思えた。都市の密集状態，臭いにおい，伝染病の蔓延，物価高，適切な公共輸送の欠如，物理的危険，不衛生などは，今までがあまりにも悲惨であった人々にとっては，たいした恐怖ではなかった。彼らを過激な行動に駆りたてるものがあるとしたら，それはただ一つ失業だった。

しかし，都市の中流階級や，特に台頭してきた中流上層階級は，その時代のパリに心から満足してはいなかった。どんな種類のものであれ，貧民階級用の住宅や金持ち用の宮殿は，パリには常に存在した。しかし，アンリ4世やルイ14世の広場，サン・ルイ島，ロワイヤル通り，リヴォリ通り，ルイ14世が建設した外郭環状大通り（図77）を除けば，中流および中流上層階級の人々に適当な居住環境は多くなかった。

だが，革命を扇動し支配してきたのは，明らかにこの都市中流階級であり，最初の半世紀の盛衰の後，彼らはいまや政治権力をしっかり手中に収めていた。ナポレオン3世の帝国はその政治手段にすぎず，中流階級はそれを利用しようと決めていた。第2帝政下では，都市に住む上流階級と下層階級との政治的対立は，パリの都市中産階級と地方の小市民階級との対立ほど大きくなかった。市内に住む下層階級については，警察の抑えがきくうえ，巨大な建設計画で雇用の機会が多く，満足させることができた。だが地方のブルジョアにとっては，パリは高賃金によって田舎から労働人口を引き寄せてしまうぴかぴかの磁石であり，また，政府の目が国内の他の地域に向くのをさまたげるような危険なものでしかなかった。

新興のパリ中流上層階級の望んでいた都市，そして1850年のパリが，十分には実現できなかった都市の姿を知るには，のちの人口増加によって増えた財源のおかげで初めて現実のものとなった生活スタイルにざっと目を通すだけでよいだろう。典型的な中流上層階級は，自力で成功した人が多い。彼らは最も有利な手段を用いて行商から身を起こし，金持ちになった。そして，いままでになく大規模に，大量生産された商品を使って自由に商売したのであった。要するに，デパートを所有したのである（図78, 79）。また，株の投機や上がり相場の不動産で富を増やす。金融業者となって大胆な投資をする。政治家との関係を強める。商用での旅行も恐れるに当たらない。汽車は一等車で旅し，訪れる町の鉄道駅の近くに高級ホテルを要求し，レストラン，劇場，保養地，そして女性に贅沢な好みを発揮するといったものである（図80）。

パリへ戻れば，駅から家まで，まっすぐ，有名な道筋を通りたがる（図17）。家はもはや，これまで何年も住んでいたような道路沿いの質素なアパートではなく，かといって，貴族階級の旧住宅地にある1戸建ての邸宅でもない。それはまさに，彼の望み通りの場所の，望み通りの家である。大通りに面した新しい共同住宅の下の階にある上品で豪華な家具付きの部屋，そこが完成と同時に先

を争って買い取られるのだった(図30, 81)。水洗便所, 給水給湯設備のある洗面所は心地良い。もちろん, ガス灯, スティーム暖房付きである。

洋服, 食物, 贅沢品など, 昔どおりの小売店やレストランではもはや彼の要求に合う物はない。これらの品々を調達するために, 大通り沿いの新しい住宅の下の階に店開きした新しい一流商品店に出向く(図82)。妻, あるいは愛人をキスで迎えると, 新築されたオペラハウス(最も19世紀的な場所)に連れていき, 一晩ゆっくりくつろぎ(図83), 終了後は高級レストランで遅い夕食をとる(図84)。日曜日は仕事は休みなので, 1日中妻子と時を過ごす。ルーヴル美術館で文化の香をかぎ, その後, ブローニュの森へ馬車を走らせ, 毎日午後の呼び物になっている人工の滝の見事なショーを楽しむ。それから, ロンシャン競馬で1時間を過ごすこともあるかもしれない。

彼は非常に忙しい人間ではあったが, 仕事のさばき方は早かった。パリ株式取引場で自分の利益に関心を寄せていたかと思うと, 商事裁判所で訴訟を起こし, あるいは刑事法廷で裁判官を務める。後者は2つとも便利なことにシテ島にまとまってあるのだが, そこからすぐに市内の自分の仕事に戻っていく。数多くの広範な省の中で行なわれる官僚政治は, 単調ながらも効率的であったし, 大学は規模が大きく, 宗教色が無かった。美術学校(アカデミー・デ・ボーザール)や音楽学校(コンセルバトワール・ド・ムジーク)は, 続々と優れた芸術家を養成し, 美術, 建築, 音楽に対する要求にこたえた。キャバレー(図85)はきらびやかで, 新聞はセンセーショナルであった。まさに, それは最高の世界であり, ナポレオンとオースマンがそれをもたらしたのであった。

第2帝政が, 自身の野望の重さに耐えられず, かつまた, ドイツ軍の超高性能最新式強力兵器の猛攻撃に屈したとき, オースマンはすでに政治的圧力によって表舞台から降ろされてしまっていた。だが, 彼の事業はほとんど完成に近づいていたため, 第3共和制で, 彼の後継者はそれを仕上げないわけにはいかなかった。批評家たちは, 中産階級(ブルジョア)がオースマンの努力に対してことごとく抵抗し, 遂に彼を追放したのだと主張する傾向がある。だがこの見方は, 政治的事実から言えば妥当ではない。大規模な都市改造というものは, どんなものであれ, 一部に利益をもたらし他方に打撃を与え, しかも必ずやかましい反対の声があがる。銀行, 産業, 農業関係の保守派の連中は, 政府自体の赤字財政に敵意を持っていた。共和党員は, 選挙権の制限や新聞統制によって抑圧されていた。不満を持っていた正統主義者や前オルレアン王家支持者は, どさくさ紛にうまい汁を吸っていた。社会主義者たちは, 帝国が破壊するまでは何の希望ももてなかった。このような集団のことごとくが, あらゆる機会をとらえては批判し, 次第に強力な反対勢力に育っていった。そして, 皇帝のおぼつかない個人的支援以外に政治的基盤を持たないオースマンが, その政権自体に向けら

れた攻撃の第一の標的となったことはきわめて印象的であった。

一方では，一般の都市ブルジョア階級や特に中流上層階級が，パリのオースマン化に賛成し，参加し，利益を得ていたことも事実である。大胆な金融業者，大建築業者，大デパートのオーナー，ホテル経営者，その他の成り上がりの商売人といった新しい階級は，当然のことながら，第2帝政の計画を全面的に支持し，促進させた。彼らは，結局のところ，パリ，フランス，そしてヨーロッパの発展とともに生き，投機によって成長した人々であった。健全な通貨，適度な準備金など時代遅れの財政政策は，彼らには何の関心もなかった。赤字財政も恐れなかった。将来の利益が，現在の危険や赤字を上回ることが確実だったからである。たとえ都市や地方の中流下層階級が反対しようと，大企業や雇用労働者もまた，ナポレオン3世とオースマンを支持した。ナポレオンが国家的目標や世界的野心を拡大し過ぎたとき，反対勢力が結集され，都会の不満分子の支持を次第に獲得していった。それは地方出身の代議士の多い国会の中からであった。最近の分析によれば，それは頭の鈍いブルジョア階級と，開けた考えを持ちながら孤立していたセーヌ県知事との争いではなく，都市対地方という，昔からどこにでもあるような争いであった。

ナポレオンお抱えの大臣の中には，緑地帯計画(グリーンベルト)に反対した者がいた。その計画については，ナポレオンもオースマンもそれほど熱心であったわけではなかった。オースマンは，ナポレオンの部下に有利なように，利益をめぐっての対立があったかのようにほのめかしている[34]。これは根拠のないことではないかもしれない。これらの部下は，利益のために，都市に接近した隣接したこの貴重な土地の開発を支持していたからである。それが彼らの思いどおりになったのは，発展途上にあって，絶え間なく人口の増大する都市は，単に広大なオープンスペースで郊外の急膨張を押し止めることはできないという至極当然な理由からであった。事実，パリはすでにその都市機構にかなり大きな亀裂を生じてきていた。もしこの計画が実現されていたならば，郊外は，実際にいまがそうであるように，提案された環状緑地帯をはるかに越えて発展したことは確かであっただろう。また，その緑地帯の外側の街路は，いま以上に完全に都心から孤立してしまったことだろう[35]。

最後に，第2帝政の住宅政策に対する攻撃については，きわめて重要で，かつ本質的に相関関係にある次の2つの点を考慮しなければならない。パリ市民向け共同住宅(アパートメント)に見られる機能の混合に対する非難と，大通りの裏側には，「あまりにもひどい乱雑さが隠されている」(図86)という「衣装戸棚」批判である。だが，この2つの点に，オースマンの成功の秘密があるのだと言いたい。

ナポレオンにしろ，オースマンにしろ，すさまじい破壊行為をしながらも，古いパリを新しく改造するために，そのすべてを壊してしまおうとの考えは毛頭

なかったことは明らかである。彼らはパリを破壊しようとしたのではなく，より良くしようとしたのであった。大通りの裏側にあるものは「ひどい乱雑さ」や，言語に絶するスラムではなく，古い街並みが編目のように入り組み，優れた機能を持った躍動する町であり，それこそ新しい大通りと同様に，すべてのパリ市民の毎日の生活になくてはならないものであった。結局，中流上層階級のブルジョアたちも，シャンペンやロブスターだけで生きるわけにはいかず，パン，ソーセージ，そして赤ワインはもちろん，簡単な木綿製品，古本，それに職人の作る物や小さな商店の品物も必要だった。

しかし，こうした品物は，大通りに並んだ新しい高級店やカフェでは手に入れることはできなかった。そのような商売を，そこで続けていくには，家賃や総経費があまりにも高すぎるからだった。これらの物は，ちょっとした角を曲がって狭い道路に入り，きれいな新しい建物の並ぶ大通りの裏側にはりついている古い店で見つけることができるのだ。そして都市経済のその部分を担う人々のほとんどが，そういう店の上や近くに住んでいた。オースマンの都市改造は広範囲に及んだが，計画によって規制されたものと，自由放任によってつくられたものとの両者の混在することによって，都市混乱は最小限にとどめられていたのである。

もし，衣装戸棚論が正しく，また，オースマンが否応なしにその大破壊行為を途中でやめたのであれば，パリで最も成功した地区は，オースマンの計画に沿った全体的開発にほとんどあるいはまったく含まれていなかった外縁部の新しい行政区であるはずだ。例えば，モンソー公園の近くのニューイやレ・バティニョール方面に計画された新しい地域などで，そこにはマレシェルベス大通り，ペレル大通り，またエトワール広場から北に延びるワグラム通りといった主要幹線道路が通じている。

だが，実際はまったく逆に，市内の地域，すなわち，広く整然とした新しい街路と，狭く不規則な古い道路が入り乱れ，さまざまな規模の商住機能が複合的に混合している地域のほうが，どの点から見てもいまなお，最も成功した快適な場所となった。1850年にオースマンが造った都市はすでに大きかったので，パリは今日に至るまで，世界でも最大の成功都市の一つとして残っている。パリの都市としての失敗は，程度の差こそあれ，オースマンの街路網が市の外縁部を越えて延びている地点に確実に現れている。

ヴォージュ広場でかつて起こった現象が，再びそのまま繰り返された。新しい地区は，活発に活動する都心に近く，密に接触できるという点において生き残り，成功してきた。これらの地区は，ヴォージュ広場がそうであったと同じように，相当の期間，半寄生的存在であった。もし，モンソー公園，テルネ広場地区が，多少上流社会向きで成功したのであれば，そしていまなおそうである

ならば，それは主として，他の同様の地域に比べてそこが活発な市街地に近く，かつまたフォブール・サン・トノレ通りやクールセイユ通りのような古くから残っている郊外の街路と交錯していたからである。店や家の並ぶこれらの街路は，レイル兄弟などが，この地域のオースマンの開発計画を促進する以前に，旧市内から通行税徴収所へ向かって延びていた。

その他，南部，北部，東部の外縁部にある行政区では，オースマンとその後継者による新道路が縦横に交差し，しかもその裏側は，その昔"スラム街"だったかもしれないという不利な条件がないにもかかわらず，はるかに退屈な場所である。旅行者はめったに訪れず，実際に見るべきものといっては，モロッコ人，アルジェリア人，アフリカ黒人など，今では，文無しの浮浪者ばかりである。このような自暴自棄の人間が集まるのは，パリが成功したからではなく，失敗したからなのであった。ひどい住宅や非良心的な地主を責めても無駄である。問題は，なぜこれらの地域が，それほど簡単に，汚らしく，退屈になり下がってしまったのかである。ロンドンをはじめヨーロッパ，アメリカ各地の都市の似たような住宅街の惨状から，パリのこれらの地域を救い出すものがあるとすれば，それは，まさしく，古代ローマの共同住宅に始まり，オースマンの建物に引き継がれた古いフランスの伝統，すなわち，一つ屋根の下に，いろいろな社会階層に属する人間だけでなく，商住機能を混合させることにほかならない（図81）。

図77　ポワソニエール大通り。北にフォブール・モンマルトル通りを見る（テクシエより）

図78　ヌーヴ・デ・プチ・シャン通りにあるグラン・コルベール商店（テクシエより）

図79 バク通りとセヴレ通りの角にある最初のメゾン・デュ・ボン・マルシェ（シローコレクション，パリ）

図80　オペラ劇場（テクシエより）

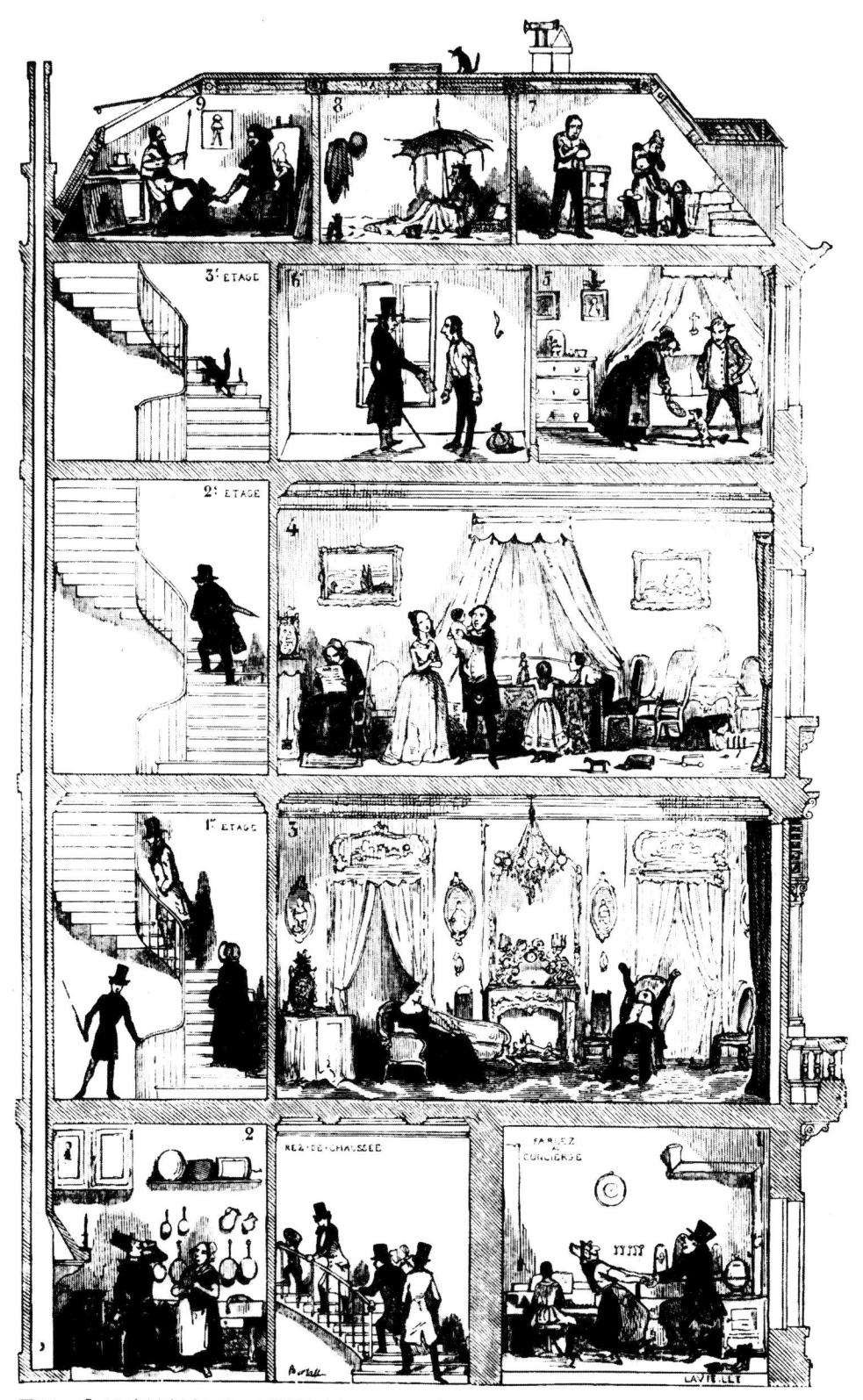

図81 「パリ市民生活；五つの階層」（テクシエより）

図82 菓子屋（テクシエより）

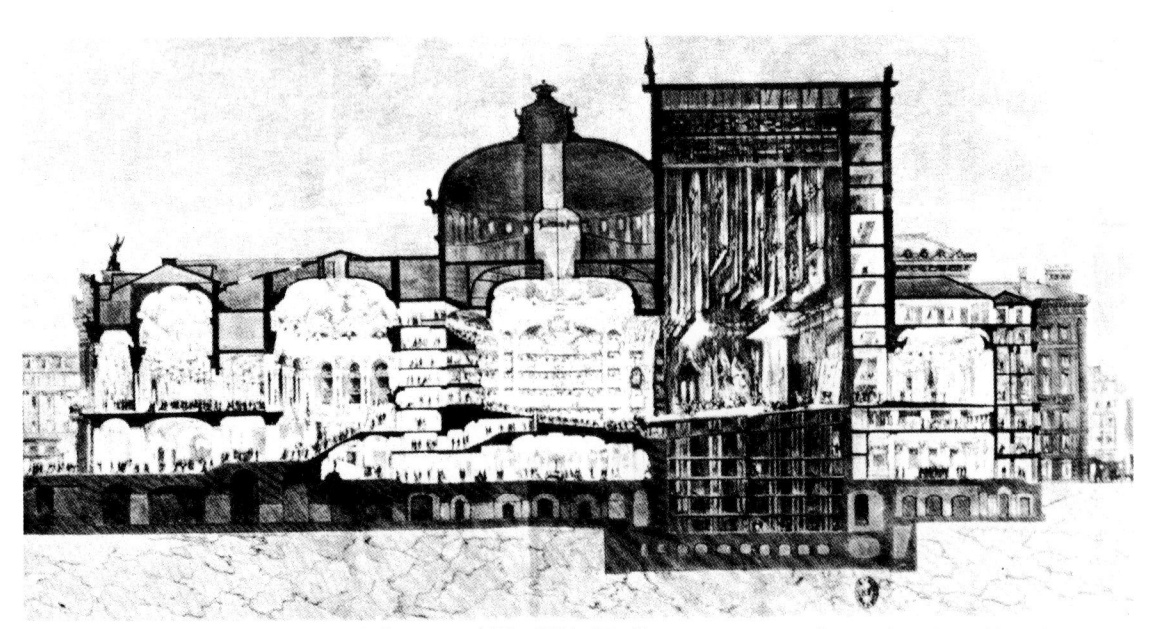

図83 シャルル・ガルニエ：1875年完成のオペラ劇場，縦断面図（"Le Monde Illustré" 1875年2月6日号より）

図84　ヴォヴィリエ通りのレストラン，"ピエ・ド・ムトン"。1890年ごろ

図85　ムーラン・ルージュのカフェ。20世紀に入るころ

図86 リシャール・ルノワール大通り，1861—1863年（ギーデオン，〔空間, 時間, 建築〕より再録）

オースマン以後のパリ

現在のパリの建物や街路の約60パーセントはオースマンの時代に建設された。だが，1970年のパリは1870年のパリではない。19世紀の開発の成功そのものが新しい問題を生み出した。商業的基盤（金の卵を産む都市の生産的ガチョウ）が大きくなるにつれて，次第に西はエトワール広場を越え，東はナシオン広場の先に至るまで，オースマンのパリの核心部を潤していったことは，都市の失敗を示すものではない。

しかし，1世紀前に達成された全体的統合は維持されていないし，おそらくできなかったのであろう。中心部での商業拡大に助長されて，西の金持ち階級と，北や東の労働者階級の分離が進んだことは，パリにおける社会的緊張を悪化させ，公共輸送や行政上の新しい問題を生んだ。フランソワ1世が西へ移って以来，ルーヴル宮およびロワイヤル宮殿周辺の裕福な商業，住宅地区が徐々に発展したことに端を発したこの傾向を，オースマンは早めもしなければ，阻止もしなかった。大小の公園，記念碑，教会，公共建物，上下水道，そして大通りが，市の全域にわたって，多かれ少なかれ同等にばらまかれた。労働者階級だけでなく，上流階級からの政治圧力がそうさせたのである。

だが，都市改造を社会革命の道具として利用するという将来性のない政策は，オースマンやナポレオン3世の考えには毛頭なかった。彼らにとって，パリの改造は都市をその時代の要求に合わせることであり，遠い将来の不確かな理想に合わせることではなかった。その後の政府は，この考え方からそれほど大きくはずれていない。

改善されたバス路線，そして世界で最も論理的かつ系統的な地下鉄網は，都心部だけでなくあまり成功しなかった郊外をともに発展性のあるものに変えた。オースマンがいれば，その地下鉄をさぞ気に入ったことだろう！　20世紀に入ってから，中流階級や中流下層階級の住宅地として人気が高まっている遠い郊外も，便利で安い，郊外電車で都心と結ばれている。

20世紀は，オースマンのパリを無傷のまま残してはおかなかった。どこも同じだが，自動車が第2帝政の馬車時代に建設された十分に広い道路にさえ満ちあふれ始めている。週末のラッシュアワーのパリは，交通渋滞で見動きがとれない。

1870年以後のパリ開発計画，およびオースマン以後の各種改造計画が，実用主

義的パリ市民によってほとんど実現されなかったことなどは，簡単に概説するだけでは不十分で，集中的研究，評価がさらに必要な分野である。

ユージェヌ・エナール（1849—1923）は，ル・コルビュジエに先立ち，パリの心臓部を貫通する広大な高速自動車道路を提案した。それが実現すれば，大幅に拡張されたリシュリュー通りに，パレ・ロワイヤル庭園を横切る東西自動車道が交差していたことだろう[36]。

ル・コルビュジエは，パリ計画を練ることを決してやめなかった。彼の計画の詳細な検討は，本書の研究範囲を越えるものだが，このシリーズの別の巻で扱われている[37]。一言いわせてもらえば，ル・コルビュジエが終止一貫してかかわっていたのは，昔もいまも問題を抱える外縁部[38]ではなく，都市の内核部であった。すなわち，その非衛生的な島は，それが仕えた社会と同様に，根こそぎにして大改造の必要があると，彼は感じていたのである。

パリの歴史およびオースマンの経験は，今日の都市理論家やプランナーに対して，一つのきわめて重要な教訓を与えているように思える。すなわち，都市は生き，成長する有機体であるが，**繊細な側面**も持っている。そして経済という筋肉を働かせるためには，もっと大きな空間を必要とすることがよくある。疲労，息切れ，**大動脈硬化や閉塞**，そして時には脳卒中もまぬがれない。アスピリンや鎮静剤も通常その病気を和らげない。心臓，静脈，動脈に慎重な外科手術が必要であり，投下資本という特別食が必要なのかもしれない。将来への影響を見通し，周辺地域との相互作用を慎重に検討したうえでの断片的な改造は，巨大計画に飢えている**野心的なプランナー**に物足りないかもしれない。だが，それは都市のためには非常に消化がよく，たとえ着想に誤りがあったにしても，敏感な都市機構に対する打撃は少ないのである。

都市を確実に殺すもの，それははらわたを抜くことである。

原　注

序文
1　H. Van Werveke 著，"The Rise of the Towns. Town Population", The Cambridge Economic History of Europe 第3巻（Cambridge : University Press, 1963), p. 37 以下参照。また A. F. Weber 著，The Growth of Cities in the Nineteenth Century (New York : Columbia University Press, 1899, および Ithaca : Cornell Reprints in Urban Studies, 1963) 参照。
2　ピンクニイに関しては，文献 p. 122 参照。
3　アルファンとベルグランに関しては，文献 p. 122 参照。

パリ再建
4　これらの計画に関しては，John Summerson 著，Georgian London (New York, 1946；改訂版，1962), p. 177 以下参照。
5　L. Réau, Pierre Lavedan 共著，L'Oeuvre du Baron Haussmann, Préfet de la Seine (1853—1870) (Paris, 1954) p. 70 以下参照。
6　詳細については，David H. Pinkney 著，Napoleon III and the Rebuilding of Paris (Princeton : University Press, 1956, 6 章：" Paris Underground," p. 127 以下参照。
7　法律家，ジャーナリスト，政治家であった Jules Ferry (1832—1893) はナポレオン 3 世の帝政に反対した。1869 年，共和党代議士に選出された彼は，1870 年の普仏戦争中，パリ市長を務めた。後に，重要な大臣職を歴任し，1880—1881 年には首相となり，報道の自由，婦人の中等教育のために戦い，また，フランスの植民地拡大政策を支持した。中道派の共和党員であった彼は，極右，極左の両派の政治勢力から攻撃を受けた。死亡したとき，上院議長だった。

歴史的評価：1
8　概要に関しては，L'Oeuvre du Baron Haussmann の Lavedan による記事，"L'influence du Haussmann : L'Haussmannisation" p. 142 以下参照。ウィーンについては，George R., C. C. Collins 共著，"The Transnformation of Vienne," Camillo Sitte and the Birth of Modern City Planning の第 4 章（New York : Random House, 1965) p. 34 以下参照。フランス以外の主要都市におけるオースマン式都市改造の性格や効果は，今後の研究課題である。Françoise Choay 著，The Modern City : Planning in the 19th Century (Planning and Cities series), New York : George Braziller, Inc., 1969) p. 15—22 参照。
9　Henry-Russell Hitchcock 著，Architecture : Nineteenth and Twentieth Centuries (Baltimore : Penguin Books, 1958, 第 2 版，1963) p. 131 以下参照。
10　たとえば，G. Pillement 著，Destruction de Paris（Paris, c. 1941)
11　Jane Jacobs 著，The Death and Life of Great American Cities (New York : Random House, 1961)

12 The Culture of Cities (New York: Harcourt, Brace, and Company, 1938)
13 Sigfried Giedion著, Space, Time and Architecture (Cambridge, Mass: Harvard University Press, 1941, 改訂版) 参照。特に, オースマンに関する章は, この問題に新たな関心を呼び起した。
14 同上, 第4版, 1962, pp. 668, 678
15 同上, p. 678
16 同上, pp. 671—672
17 同上, pp. 673—675
18 同上, p. 648
19 同上, p. 670
20 ついでに注目すべきことは, 東欧の社会党政権では, 一般に, 19世紀末から20世紀初頭にかけての大都市の状態を引き継いで満足していることである。そのような都市では, 機能中枢に対する大規模な改造は行われなかった。ローマ, その他のイタリアの都市では, ムッソリーニの都市計画は壮麗を極めたが, 効果的な改善はほとんどなされなかった。

中世のパリ

21 1951年, パリは2500年記念を祝った。定住地としてのパリの起源は, ここで考察する時代をはるかにさかのぼるのだが, こうした初期の時代のはっきりした遺跡は残っていない。そこで本書では, その後の古代都市から始めて目的を達する。
22 中世のパリおよび教区に関する鋭い研究家, Abbé Friedmann (Paris, Ses rues, ses paroisses du môyen age à la révolution, Paris, 1959) の, サン・ジェルマン・ロークセロア村も最初の城壁内に含まれていたとする主張には著者は賛成しかねる。
23 Adam Smith著, "Rise of the Towns," An Inquiry into the Nature and Causes of the Wealth of Nations, 1776
24 13, 14世紀の托鉢修道会の役割とその教会の場所に関しては, 拙著, Medieval Cities (Planning and Cities series) (New York: George Braziller, Inc, 1968), pp. 40, 119, 注16参照。

1500年からナポレオン3世までのパリ

25 ブルネレスキによるアルノ川に面したPiazza di S. Spirito計画に関しては, Saalman編, Antonio Manetti, The Life of Brunelleschi (University Park, Pa., and London: Pennsylvania State University Press, 1970), p. 125, 1511行目以下を参照。アルベルティについては, L. H. Heydenreich著, "Pius II als Bauherr von Pienza" Zeitschrift für Kunstgeschichte, 第6巻 (1937), p. 105—146, また, 拙著"The Baltimore and Urbino Panels: Cosimo Roselli," Burlington Magazine, 110巻 (1968), p. 379を参照。レオナルドに関しては, C. Pedretti著, A Chronology of Leonardo da Vinci's Architectural Studies after 1500 (Geneva, 1962) p. 112以下 (フローレンスのPiazza S. Lorenzo-Via Larga計画)を参照。また, Leonardo Benevolo著, Storia dell' Architettura di Rinascimento, 2巻 (Bari 1968), および, Giulio (Argan著, The Renaissance City (Planning and Cities series) (New York: George Braziller, Inc., 1969) を参照。
26 フランス広場に関しては, Bulletin de la Societé de l'Histoire de Paris et de I'lle-de France, 24巻(1897)p. 112—114のGustave Pagniez参照。また, A. Poirson著, Histoire de Règne de Henri IV, 第4巻(Paris, 1846)p. 518以下, およびL. Hautecoeur著, "Place

de France"Histoire de l'Architecture Classique en France 第 1 巻（1966，改訂版）p. 302
—305

27　Leon Battista Alberti 著，De Re Aedificatoria, Orlandi 編（Milan, 1966）第 2 巻，第 9 巻，1 章; Andrea Palladio 著，I Quattro Libri dell' Architettura（Venice, 1570）第 2 巻，1 章; Futte l'Opere d'Architettura et Prospetiva di Sebastians Serlio ... raccslto da M. Gio, Domenico Scarmozzi Vicentino（Venice, 1619）p. 126—127（第 4 巻序文）

28　Anthony Blunt 著，Art and Architecture in France 1500—1750（Baltimore : Penguin Books, 1957, 第 2 版），p. 93 以下

29　同上，p. 45

30　同上，p. 188

31　M. Petzet 著，"Claude Perrault als Architekt des Pariser Observatoriums," Zeitschrift für Kunstgeschichte, 30 巻（1967），p. 1—54

32　Blunt の前掲書，p. 213

33　同上，p. 214

34　Haussmann 著，Mémoires（Paris : V. Harvard, 1890—1893）第 2 巻，p. 233

歴史的評価：2

35　19 世紀半ばまで，ウィーンの旧市はなだらかな坂（glacis）（広い斜面の火除け地で，そこでの建設は禁じられている）に囲まれていた。パリの 1840 年の壁を取り囲んでいたものと似ている。その外にあるフォブールは次第に周辺の村と合併していったが，市の外郭部は，実際には孤立したままであった。次第に戦略的重要性を失っていった glacis は，19 世紀初期には公園のような緑地帯に変わった。ナポレオンの後期の計画に似ている。しかし，都市とフォブールとの不和はあまりに激しかったので，永久に定着させることはできなかった。オースマンのパリに相当するウィーンの環状開発が 1850 年代以後に行われたのは，このオープンスペースの中であった。パリとウィーンにおける開発の類似点や相異点に関しては，今後，広範な分析，研究が必要である。いずれにしても，中世からの都市が 19 世紀後半の複合的機能を果たすのは，人為的に切り離された部分が結合されるときだけである。

オースマン以後のパリ

36　Choay の前掲書

37　Norma Evenson 著，Le Corbusier : The Machine and tle Grand Design（Planning and Cities series）（New York : George Braziller, Inc., 1969）

38　パリの外縁地域の議論に関しては，G. A. Wissink 著，American Cities in Perspective with Special Reference to the Development of Their Fringe Areas（Assen, 1962），p. 71 以下参照。

年代表

| 君主と統治期間 | 同時代の人物 |

コンスタンティウス・クロルス
　　　　　　　　　A. D. 305—306
背教者ユリアヌス　361—363
メロヴィング朝　481—751
カロリング朝　751—987
ユーグ・カペー　987—996
デブ王ルイ6世　1108—1137
フィリップ・オーギュスト　1180—1223
ルイ9世（聖王ルイ）　1226—1270
美貌王フィリップ4世　1285—1314
善王ジャン2世　1350—1364　　　　　大胆男フィリップ　1342—1404
シャルル5世　1364—1380　　　　　　　（ブルゴーニュ公爵）
フランソワ1世　1515—1547
アンリ2世　1547—1559
アンリ3世　1574—1589　　　　　　マリー・ド・メディシス　1573—1642
ブルボン王朝　1589—1795
アンリ4世　1589—1610　　　　　　カルディナル・リシュリュー　1585—1642
ルイ13世　1610—1643　　　　　　 カルディナル・マザラン　1602—1661
ルイ14世　1643—1715　　　　　　 ジャン-バプティスト・コルベール　1619—1683
ルイ15世　1715—1774　　　　　　 ジュール・アルドゥアン-マンサール　1646—1708
ルイ16世　1774—1793　　　　　　 クロード・アンリ・ド・サン-シモン伯爵　1760—1825
ナポレオン1世　1808—1814　　　　ジョルジュ・ユージエヌ・オースマン　1809—1891
復活ブルボン王朝　1814—1830
ルイ・フィリップ　1830—1848　　　ジュール・フェリー　1832—1893
　（7月君主政—オルレアン公）
ナポレオン3世　1852—1871
　（第2帝政）

参考文献

パリの歴史，記念建築物など，パリに関する文献は数多くあり，専門化している。本書で扱った建物，場所，主題に関する文献として，Avery Memorial Architectual Library Catalog（Boston, 1968）第2版，増補版，特に14巻 pp. 261—367を参照のこと。主題別に文字どおり何百もの項目が並んでいる。以下に示す簡単な文献では，年代順に，4つの項目に分けてある。(1)オースマンに関する重要な文献，(2)パリの歴史の資料，(3)パリの歴史に関する現代の研究，(4)パリの地図

オースマンのパリ

Daly, César. "Les Travaux de Paris," *Revue générale de l'architecture* (Paris, 1862).

Fournel, Victor. *Paris nouveau et Paris futur*. Paris: Lecoffre, 1865. A contemporary view. その当時の見解。

Alphand, Adolphe. *Les Promenades de Paris*. Paris, 1867–1873.

Belgrand, Eugène. *Les Travaux souterrains de Paris*. Paris, 1873–1877.

Haussmann, Georges-Eugène. *Memoires du Baron Haussmann*. Paris: V. Havard, 1890–1893.

Bouillat, E. M. *Georges-Eugène Haussmann*. Paris, 1901.

Smith, E. R. "Baron Haussmann and the Topographical Transformation of Paris under Napoleon III," *The Architectural Record*, 第22巻(1907), pp. 121—133；227—238；369—385, 490—506；第23巻(1908), pp. 21—38。パリの初期のころの歴史を背景に置いた詳細なオースマン研究。第2帝政時代のパリは，19—20世紀にかけてアメリカで活躍した美術学校(エコール・ド・ボザール)出身の建築家にとってのモデルとなった。視点は時代遅れだが，図版は豊富。

Halbwachs, Maurice. "Les plans d'extension et d'aménagement de Paris avant le XIXième siècle," *La vie urbaine* (1920). オースマンの事業に関する記述を含む。

―――. *La population et les tracés de voirie à Paris*. Paris: Alcan, 1928.

Peets, E. "Famous Town Planners: Haussmann," *Town Planning Review*, 第12巻, No. 3 (1927), pp. 187—188. オースマン事業の概説。

Mumford, Lewis. *The Culture of Cities*. New York: Harcourt, Brace, and World, 1938.

Giedion, Sigfried. *Space, Time and Architecture*, Cambridge, Mass.: Harvard University Press, 1941 オースマン計画に対する現代で最も重要な批評。

Pillement, G. *Destruction de Paris*. Paris, 1941年ごろ。オースマンの破壊に対する批判。

Girard, Louis. *La politique des travaux publics du second Empire*. Paris, A. Colin, 1952. パリ改造の政治的意味。

Réau, L., Lavedan, P., et al. *L'Oeuvre du Baron Haussmann, Préfet de la Seine (1853–1870)*. Paris, 1954. 図版の豊富な概説書。だがオースマンの事業に対する評価は不明確。

Chapman, J. M. and B. *The Life and Times of Baron Haussmann; Paris in the Second Empire*. London, 1957. 一般的な解説書。

Pinkney, David H. *Napoleon III and the Rebuilding of Paris.* Princeton: University Press, 1958. オースマンの事業に関する優れた学術書。政治的，経済的要因に対する評価も含まれている。広範な文献。

パリの歴史：資料

Félibien, Dom Michel. *Histoire de la Ville de Paris.* Paris, 1685–1688.
De la Force, J. Piganiol. *Description de Paris.* Paris, 1736.
Lebeuf, Abbé Jean. *Histoire de la ville et de tout le diocèse de Paris.* Paris, 1754–1758（第3版，Paris, 1883–1892）
Jaillot, J. B. *Réchérches critiques, historiques et topographiques sur la ville de Paris depuis ses commencements connus jusqu'a présent.* Paris, 1775.
Berty, A. et al., *Topographie historique du vieux Paris.* Paris, 1866–1897.

パリの歴史：近代の研究

Halphen, L. *Paris sous les premiers Capétiens (987–1223), études de topographie historique.* Paris, 1909.
De Pachtère, F.-G. *Paris à l'époque gallo romaine.* Paris, 1912.
Jullian, C. *Le Paris des Romains.* Paris, 1924.
Poëte, M. *Une vie de cité: Paris de sa naissance à nos jours.* Paris, 1924.
Franklin, A. *Paris et les Parisiens au XVIe siècle.* Paris, 1921.
Dumolin, M. *Etudes de topographie parisienne.* Paris, 1929–1931.
Barroux, R. *Paris dès origines à nos jours et son rôle dans l'histoire de la civilisations.* Paris, 1951.
Rochegude, Marquis de, and Clébert, J.-P. *Le rues de Paris.* Paris, 1958.
Cheronnet, L. *Paris tel qui'l fut; 104 photographies anciens.* Paris, 年代不詳
Laffont, Robert ed., *An Illustrated History of Paris and the Parisians.* New York, 1958.
Friedmann, Abbé. *Paris: ses rues, ses paroisses du moyen age a la revolution. Origine et évolution des circonscriptions paroissiales.* Paris, 1959.
Hillairet, J. *Connaissance du vieux Paris.* Paris, 1963, 3巻。
―――. *Dictionnaire historique des rues de Paris.* Paris, 1963, 2巻。
　豊富な地図とともに，街路名がアルファベット順に並べられている。
Speckter, H. *Paris: Städtebau von der Renaissance bis zur Neuzeit.* Munich, 1964.

パリ：計画

Bonnardot, A. *Etudes archeologiques sur les anciens plans de Paris des XVI', XVII' et XVIII' siècles.* Paris, 1851.
Franklin, A. *Les anciens plans de Paris, notices historiques et topographiques.* Paris, 1878.
Atlas des anciens plans de Paris. Paris, 1880. 3巻。

図版出典リスト

Adolphe Alphand, *Les Promenades de Paris* (Paris, 1867–1873), plate volume: 24–26, 52
Architecture et la Décoration aux Palais du Louvre et des Tuileries, pl. LX:21
Eugéne Belgrand, *Travaux souterains de Paris* (Paris, 1873–1877): 28 (vol. V), 29 (vol. IV), 30 (vol. V, atlas)
Leonardo Benevolo, *Storia dell'Architettura Moderna* (Bari, 1960), fig. 74: 77
Bibliothèque Nationale, Paris: 2, 42, 48, 67, 75
Bolton, Arthur T., and H. Duncan Hendry, eds., *The Wren Society* (Oxford, 1935), vol. XII, pl. 25: 13
J.E. Bulloz, Paris: 36, 39, 40, 44, 53, 73
L. Cheronnet, *Paris tel qu'il fut; 104 photographies anciens* (Paris, n.d.), pl. 95: 85
Jean-Paul Clébert, *Les Rues de Paris* (Paris, 1958), pl. 156: 68 (above and below)
George R. Collins: 76
Courtauld Institute of Art, London: 45
Abbé Friedmann, *Paris. Ses rues, ses paroisses du môyen age à la révolution* (Paris, 1959): 33, 34
Sigfried Giedion, *Space, Time and Architecture* (Cambridge, Mass., Harvard University Press, copyright 1962 by the President and Fellows of Harvard College): 16, 66, 87
Giraudon, Paris: 38, 51
Werner Hegemann and Elbert Peets, *The American Vitruvius: An Architect's Handbook of Civic Art* (New York, 1922), pl. 1027: 7
R. Henrard, Paris: 20, 49, 57, 58, 61–62, 71
Fred Hill, New York: 18
Robert Laffont, *Paris and Its People, an Illustrated History* (London, 1958): 1, 10, 11, 17, 41, 59, 70, 80, 84, 86
Claude-Nicolas Ledoux, *L'Architecture considerée sous le rapport de l'Art, des Moeurs et de la legislation* (Paris, 1804): 5, 6
David H. Pinkney, *Napoleon III and the Rebuilding of Paris* (Princeton, 1958): 15, 22, 23, 32 (all reprinted by permission of Princeton University Press)
Howard Saalman: 14, 35, 37, 54, 74
Service Photographique des Musées Nationaux, Versailles: 31
Edward R. Smith, "Baron Haussmann and the Topographical Transformation of Paris under Napoléon III," *The Architectural Record*, XXII (1907). p. 373: 72
Edmond Texier, *Tableau de Paris* (Paris, 1852): 8–9, 12, 27, 55, 56, 60, 69, 78–79, 81–83
Michel Turgot, *Plan de Paris* (1734): 19, 43, 47, 50, 63, 64
University of California, Berkeley, Library Photographic Service: 65
Arthur Valdenaire, *Friedrich Weinbrenner. Sein Leben und Seine Bauten* (Karlsruhe, 1919), pls. 79, 111: 3, 4

数字は図版番号を示す。

訳者あとがき

本書『パリ大改造』が28年の時を経て新装版として出されることとなった。折しもわが国では，今生きている日本人の誰一人経験したことのない未曾有の大災害が起きた。それは，巨大地震，千年に一度といわれる大津波，それによって引き起こされた原子力発電所の大事故という「天災の暴いた人災」ともいわれる東日本大震災である。人々は異口同音に急務は「復旧ではなく復興」であると唱えた。これは90年近く前に起きた関東大震災の帝都復興院を指揮し，機を逸せず首都東京の大改造を断行しようとした後藤新平の発した言葉でもあった。時代を大きく変える局面に凝縮される人間の知恵とエネルギーを歴史に学ぶということでいえば，この19世紀の「パリ大改造」の出来事もその一つであり，本書の再版はいみじくも時機を得たものかもしれない。

本書は，19世紀のナポレオン3世とオースマンによるパリ大改造と，その歴史的必然について書かれた都市論である。パリに少しでも興味をもつ人であれば，その知識欲を満たす教養書ともいえるだろう。本書の特色の一つとして，これまでの「オースマンとパリ」という見方とは逆に「パリとオースマン」とも思える面白い側面がある。一方で為政者ナポレオン3世と有能なテクノクラートであるオースマンの関係を，人とその影のような不可分のものとしてとらえている。また，著者にとっては，近代に向かうヨーロッパの諸都市に少なからず影響を与えたパリ大改造を論じることは，これまでの歴史的評価に対する否定的な見解も含めて，パリの歴史自体を見直すことを意味していたといえよう。

これまでオースマンの行った中核的な改造事業の一つであるメゾン・ブロック（Maison Block：パリの街路沿いに並ぶアパルトマン）は，華麗な大通りと背面の猥雑という光と影として否定的に語られることが多かった。それに対して著者は，むしろ都市のアメニティの側面から再評価しようとしている。また同時に，オースマンの絶対的な技術優先主義や都市機能の構造化こそ，20世紀初頭のモダニズムを代表するCIAMの都市計画理論の前身とみなす逆説的なとらえ方をしている。そして著者は結論として，歴史都市に対する変革，新時代へ向かう革新という意味において，パリ大改造にあたったナポレオン3世とオースマンは，ひどくやり過ぎたのではなく，むしろ充分にできなかったのだともいっている。

本書では，著者の単刀直入な語り口に触れる一方，資料に基づく詳細な記述に戸惑うこともあるかもしれない。面倒でも巻頭にあるパリの概略図に対応しながら逐次読み進んでいくと，著者のいう歴史の重層するパリの街が理解されると思うので，それをお奨めしたい。
なお初版の不備について編集担当の関谷勉氏に改訂の労をいただき，今回の新装版にいたったことに対して深く感謝の意を表したい。

2011年8月　小沢　明

索引

ア――オ

アスニエール，下水集合管　27
アブキル通り（旧フォセ・モンマルトル通り）　図63，71
アベ村　49
アルコル橋　図19
アルジェヴェシュ橋　図19
アルドゥーアン-マンサール，ジュール　70；図61,63
アルファン，アドルフ　12,26,117
アルベルティ，レオン・バティスタ　65,118,119
アルレイ，アジル・ド　65
アレ通り　22
アンヴァリッド　70,図61
アンジュ通り　67
アンヌ・ドートリッシュ　68,69
アンリ2世　65,67,70
アンリ3世　66
アンリ4世　64,65,66,67,69,70,71
アンリ4世大通り　24
アンリ4世広場　103
市場　48,49,64,66,図47
市場通り　22
ヴァル・ド・グラース修道院　69；図57,75
ヴァンセンヌの森　26,図25
ヴァンドーム広場（ルイ14世の旧ロワイヤル広場）　72,74；図64,71
ヴァンヌ峡谷　27
ウィーン　44
ヴィクトワール広場　70-71,図62-63
ヴィオレ・ル・デュク，ユージェヌ・エマニュエル　25
ヴィスコンテ，L.-T.-J　25
ヴェルサイユ　70,図58
ヴォヴィリエ通り　図84
ヴォージュ広場（アンリ4世の旧ロワイヤル広場）　107；図34,42-43　アンリ4世広場，ルイ14世広場の項も見よ

右岸　48,49,51,70,74
エコール通り　22
エスコリア修道院　69
エッフェル塔　45,図75
エトワール広場（現在のシャルル・ド・ゴール広場）　21,22,72,74,106,115
エナール，ユージェヌ　116
オースマン，ジョルジュ-ユージェヌ　11-12,21-22,26,74,107,図1
　影響　44,117
　生い立ち　14,28
　大通り（ブールバール）　23-24,45
　「回想録」　12
　旧市内　46
　給水設備　27
　教育　14,47
　行政官　14,22-23,25-26
　経済観念　27-30
　下水道　27
　建築　25
　公園　26
　死　27-28,104
　照明　26-27
　性格　14,28
　道路計画　45,67
　橋　図48
　パリ改造・共同住宅（アパートメント・ハウス）　45-46,107
　美学　23-26
　評価　27-28,44-47
　墓地　26-27,図19
オードレイ・ジャン-バプティスト　図52
オーチュイユの池（ブローニュの森）　図23
オペラ劇場　10,24
オペラ座　22,24,25,図83
オペラ通り（旧ナポレオン通り）　22,図16
オルレアン　49

オルレアン体制　13, 14, 104,　ルイ・フィリップの項も見よ
オルレアン門　22

カ――コ
カールスルーエ，ドイツ　10-11, 図 3-5
凱旋門　24, 74, 図 75
革命広場（旧ルイ 15 世広場，現在のコンコルド広場）　73
下層階級（都市プロレタリア，労働者階級）　12, 13, 26, 30, 45-46, 64, 66, 102-103, 115
カトリーヌ・ド・メディシス　68
カフェ・ムーラン・ルージュ　図 85
ガブリエル，ジャック・アンジェ　72, 図 67
カペー，ユーグ　48
カルディナール宮（1642 年パレ・ロワイヤルと改名）　68
ガルニエ，シャルル　23, 25, 図 83
ガルニエ，トニー　44
カロリング朝　48, 49, 51
カンズ・ヴァン病院　51, 68, 図 49
ギィーディオン，ジーグフリード　45, 118, 図 86
議会　24
北駅　22, 図 75
北墓地（現在のモンパルナス墓地）　図 29
キャスティリオーネ通り　図 71, 74
行政区　24, 106, 107
共和党員　104
クールセイユ通り　107
9 月 4 日通り　22
グラヴェの丘　図 25
グラン・コルベール商店　図 78
グラン・ポン橋（現在の両替橋）　48, 49, 52, 図 33
グラン・リュー通り（後のサン・ドニ通り）　図 33
グレーブ広場　48-49, 52；図 33, 40
グルネル平野　72
クレリー通り　71
クロワ・デ・プチーシャン通り　71
警視庁　24, 図 19
下水道　12, 26-27, 102, 115；図 26, 28-29　上水道の項も見よ
ゲルトナー，フリードリッヒ・フォン公園　12, 25-26, 115

公共事業銀行　28
公共輸送　73, 115　鉄道の項も見よ
国王の庭園　図 33
国際博覧会（1889 年）　図 75
国立第 4 大学（現在のフランス学士院）　69
国立図書館　25, 図 62
ゴシック建築　25, 31
コルベール，ジャン・バプティスト　70
コンコルド橋　73, 74；図 70, 71
コンコルド広場　22, 68, 72, 73, 74, 図 67-71
コンスタンティウス・クロルス　48
コンスタンティウス・クロルスの浴場　図 31

サ――ソ
サールマン，ハワード　118
最高法院　51, 65
裁判所（パレ・ジュスティス）　24, 図 19
左岸　21-22, 48, 50, 51
サルペトリエル病院　69, 図 56
サン・ヴィクトル修道院　69
産業革命　11, 12
サン・ジェルヴェ教会　49；図 33, 38
サン・ジェルマン大通り　22, 24
サン・ジェルマン・デ・プレ修道院　22, 23, 48, 49, 51；図 33, 36
サン・ジェルマン・デ・プレの市　図 36, 47
サン・ジェルマン・デ・プレ村　66, 図 32
サン・ジェルマン堀通り　49
サン・ジェルマン村　66, 70, 72
サン・ジェルマン・ロークセロワ教会　67, 図 33
サン・ジェルマン・ロークセロワ村　49, 118
サン・シモン卿，クロード・アンリ　13
サン・シモン派　28, 29
サン・ジャク・ラ・ブシェリー教会　24, 49；図 33, 39
サン・シュルピス教会　図 47
サン・タントワーヌ通り　21, 図 10
サン・タントワーヌ門　52, 図 42
サント・イノサン墓地　49, 51；図 33, 39
サン・トゥスターシュ聖堂　71
サント・オポルテュヌ教会　49
サント・シャペル　51；図 19, 37-38
サント・ジュヌヴィエーヴ　48, 51　パンテオンの項も見よ

サント・ジュヌヴィエーヴ村　図32
サン・ドニ修道院　48, 49, 図58
サン・ドニ門　71
サン・トノレ通り　22, 67, 68, 図68
サン・トノレ村　68, 70；図49, 53, 65
サン・トノレ門　52, 68, 図33
サント・マドレーヌ聖堂　72-73
サン・ニケス通り　図49
サン・フロレンタン通り　73
サン・ポル館　67
サン・マグロアル修道院　49, 図33
サン・マルタン・デ・シャン　49, 図33
サン・マルタン通り　21, 48, 図33
サン・ミシェル橋　図19
サン・メリー教会　49, 図33
サン・ラザレ駅　図8
サン・ルイ聖堂　70
サン・ルイ島（旧ノートル・ダム島）　66, 103；図12, 33, 42, 48
CIAM　44
ジェファーソン，トーマス　9, 10, 11
7月君主制　12-13, 21, 73, 102　ルイ・フィリップの項も見よ
市庁舎　23, 24, 25, 52, 74；図12, 41, 48
シテ島　21, 24, 48, 64, 66, 67, 70；図18, 19, 33, 36, 37
シャイヨの丘　72, 図65
社会主義者　12, 13, 14, 118
ジャクリーの反乱　46
シャスティリヨン，クロード　図44
シャルトルー修道院　70
シャルル5世　52, 65, 67, 68, 70, 71, 図34
シャルロット通り　図46, 66-67
シャンゼリゼ通り　72, 73, 74；図65, 74-75
シャンゼリゼ通り（現在のボワシ・ダングレ通り）　73
シャン・ド・マルス　44, 72, 図66
シャンプラン，サムエル・ド　69
シャンポー市場（後の中央市場）　図32
集合住宅　46, 65, 103, 105　共同住宅，住宅地域の項も見よ
住宅地域　24, 30, 65, 71, 103, 115　共同住宅の項も見よ
ジュニエのパリ計画　図33
シュリー公爵　65

シュリ橋　24；図19, 48
上水道　12, 26-27, 74, 115
商事裁判所　23, 24, 図19
照明　26-27
上流階級　64, 65, 71, 115
ショー　11, 図5-6
女王の散歩道（クルス・ラ・レーヌ）　73
職人ギルド　50
女帝通り（現在のフォシュ通り）　図24
市立病院（オテル・デュー）　24, 51, 69；図18, 52
シンケル，カール・フリードリッヒ　10
新サン・ジェルマン村　49
ストラスブール駅（現在の東駅）　図9
スフロ通り　22
スミス，アダム　50, 118
聖王ルイ　ルイ9世を見よ
正統主義者　105
聖堂騎士団　49, 65；図33, 46
セヴレ通り　図79
セバストポル大通り　24, 図19
セルリオ・セバスチャーノ　65
善王ジャン　52
1292年ごろのパリ教区　図33
1848年の革命　13, 図10
センリス　49
ソルボンヌ大学　図54, 69

タ——ト
大胆男フィリップ　52
第2帝政　11, 14, 22, 23-24, 27, 30-31, 44-45, 48, 103, 104, 114　ナポレオン3世の項も見よ
タンプル門　69, 図46
中央市場（レ・アレ）　13, 22, 24, 25, 44, 49, 71；図21, 32-33
中流階級（ブルジョア階級）　10, 11, 12, 30, 45-46, 49, 50, 51, 64, 103, 104, 115
中流下層階級（プチ・ブルジョア階級）　13, 64, 103, 115
中流上層階級（上層ブルジョア階級）　13, 21, 23, 30-31, 44-45, 64, 70, 103, 104, 105
テクシエ，エドモン　図8-9, 12, 26, 55, 59, 68, 77-78, 80-82
デシャン　22, 29
鉄道　13, 21, 23, 24, 27, 44, 74-75, 115

テュイルリー庭園　69, 72, 73；図65, 70
デューイ峡谷　27
デュバン, F.J.　25
デュラン, J.N.L.　10
テュルゴーのパリ計画(1734)　図18, 42, 46, 49, 62-63
テュルビゴ通り　22
テュレーヌ通り　図46
テルネ広場　107
デンツェル将軍, ジョルジュ　14
天文台（オブザヴァトワール）　22, 70, 119, 図59-60
ドゥーブル橋　図19
トゥールネル館　65
トゥールネル橋　66；図19, 42
動産銀行　29
ドゥブュクール, P.L.　35
道路計画　21-24, 29-30, 45-46, 66-67, 71, 74, 103, 105-107, 115；図7, 15, 17
ドーフィーヌ通り　66
ドーフィーヌ広場　24, 64, 65；図18, 34, 45
ドーフィーヌ門　図24

ナ——ノ
ナヴァール大学　74
ナシオン広場　23, 115
ナッシュ, ジョン　10, 21
ナポレオン1世　9, 10, 12, 25, 27, 73；図58, 71-72
ナポレオン3世　9, 11-12, 13-14, 21, 25-26, 27-30, 45, 46, 47, 67, 103, 115, 117；図1, 7, 11
ナポレオン通り（現在のオペラ通り）　22
ニューイ　106
ヌーヴ・サン・ルイ通り（後のブシェラ通り, 現在のテュレーヌ通り）　67
ヌーヴ・デ・プチーシャン通り　71, 74；図63, 71, 78
ネスルの塔　69
ノートル・ダム寺院　23, 24, 25, 50, 51；図18, 19, 52
ノートル・ダム島（現在のサン・ルイ島）　図36
ノートル・ダム橋　図19
ノルマン人　48

ハ——ホ
背教者ユリアヌス　48
バク通り　70, 図79
バスティーユ　22, 52, 73, 図42

バスティーユの円柱　24
パニエ, グスタフ　119
パラディオ, アンドレ　65, 119
パリ株式取引所　24, 71, 図62
パリ・コミューン支持者　52
パリ市街図　21, 22；図7, 12, 29, 34, 36, 42, 53, 58, 75, 76
パリ大司教　48, 51
パリの市壁　22, 48, 49-52, 64, 65, 68, 69, 70, 71, 74, 118；図33-34, 36, 76
パリヴィス広場　25, 図19
バルセロナ　44
バルタール, ヴィクトル　25, 図21
パレ・ロワイヤル（旧カルディナール宮）庭園　68-69, 71, 115；図18, 37, 49
バロック様式　23, 70, 71, 73
パンテオン宮殿（旧サント・ジュヌヴィエーヴ教会）　24；図48, 75
東インド会社　69
東駅（旧ストラスブール駅）　21, 22, 図75
美術学校（エコール・ド・ボザール）　25
ヒットルフ, J.-I.　73, 図68
100年戦争　52
ビュシー門　66
ビュット・ショーモン公園　26
ピラミッド通り　74, 図71
ピンクニィ, デビッド
フィリップ・オーギュスト　50-51, 52, 69, 71, 図33
フィリップ4世美貌王　51
ブーレ, エティエンヌ　10
フェリー, ジュール　27, 117
フォセ・モンマルトル通り（現在のアブキル通り）　図63
フォブール　22, 49, 50, 51, 68, 70
フォブール・サン・トノレ通り　71, 72, 115
フォブール・モンマルトル通り　図77
フォンテーヌ, ピエール・フランソワ・L　10, 図71-72
ブシェラ通り（旧ヌーヴ・サン・ルイ通り, 現在のテュレーヌ通り）　図46
プチ・シャトレ　図18
プチ・ポン橋　48, 51；図18, 19, 33, 52
復活ブルボン王朝　12, 13, 14, 74
不動産銀行　28, 29

フランス広場　64, 65, 66-67, 118；図44, 46
フリードマン，アベ　118, 図32
ブリュアン，リベラル　図56, 61
ブルゴーニュ公園　52
ブルジョア革命　9, 10, 52
ブルネルスキー，フィリポ　64, 118
ブルボン宮
ブルボン宮殿　図71
ブレトンヴィリエ館　66, 図42
ブローニュの森　26, 72，図22-24
フローレンス　64, 118
ブロス，サロモン・ド　図51
ベルグラン，ユージェヌ　12, 27, 117
ペルシーニ侯爵　14
ペルシエ，シャルル　10；図71, 72
ベルリン　44
ペレイル，エミールとイサク　26, 28, 107
ペレイル大通り　106
ペール・ラシェーズ墓地　27, 図29
ペロー，シャルル　図59
ボーアルネ王子，ユージェヌ　14
ボーヌ通り　70
"ボー・ブール"　49
ポポロ広場　66
ボルドー　13
ポワソニエール大通り　図77
ポン・ヌフ橋　22, 24-25, 66, 70；図18, 45

マ──モ

マイユ通り　71
マザラン，カルディナール　69
マザラン宮殿　71, 図62
マドレーヌ聖堂　24, 73, 74；図68, 73
マドレーヌ広場　73, 図68
マリー橋　66；図19, 42
マリー，クリストフ　66
マリー・ド・メディシス　68
マルセイユ　13
マルセル，エティエンヌ　52, 67
マルタン，ピエール・ド・ニ　図38
マレシェルベス大通り　22, 106
マレ地区　65, 67
マンフォード・ルイス　44

南墓地（現在のモンパルナス墓地）　図29
メゾン・ド・ボン・マルシェ　図79
メリー・シュル・オアーズ　27
メリアンのパリ展望図　図34, 53
メロヴィング朝　48
モンスーリ公園　26
モンソー公園　26, 106
モンパルナス駅　22
モンパルナス墓地（旧南墓地）　図29
モンマルトル墓地（旧北墓地）　27, 図29

ヤ──ヨ

ユーゴ，ヴィクトル　25
要塞　48, 52, 65, 67, 68, 102，図54　バスティーユ, パリの城壁の項も見よ
ヨンヌ送水橋　図27

ラ──ロ

ラヴァンディエール通り　49
ラスパイユ大通り　22
ラファイエット通り　22
ラブルースト，アンリ　25, 44
ランビュトー通り　13, 21，図14
ランビュトー伯爵　74
ランブール兄弟　図37
リヴォリ通り　21, 74, 103，図70-71
陸軍士官学校　72, 図66
理工科学校（エコール・ポリテクニツク）　25, 74
リシャール・ルノワール大通り　図86
リシュリュー，カルディナール　68, 69
リシュリュー通り　69, 70, 116；図49, 62
リュクサンブール庭園　21-22
リュテチア・パリシオラム　48
両替橋（旧グラン・ポン橋）　図19, 33
緑地帯計画（グリーンベルト）　45
リヨン　13
ルイ6世（でぶのルイ王）　49
ルイ9世（聖王ルイ）　51, 68
ルイ13世　66, 68, 69, 図53
ルイ14世　22, 25, 67, 68, 69, 70, 71, 72, 103
ルイ14世広場　103
ルイ15世　25, 67, 72, 73, 図38
ルイ15世広場（現在のコンコルド広場）　72-74

ルイ 16 世　73, 図 69
ルイ・ナポレオン　14
ルイ・フィリップ　12-13, 74, 図 48　7月君主制, オルレアン体制の項も見よ
ルイ・フィリップ橋　図 19
ルヴィエ島　図 36
ルーヴル宮　22, 23, 24, 25, 52, 67-69, 70, 71, 72, 74, 115；図 20, 33, 49
ルーテス闘技場　48
ル・コルビュジェ　44, 46
ルドー, クロード-ニコラス　10, 図 74　ショーの項も見よ
ルネッサンス　10, 64-65, 118
ル・ノートル, アンドレ　72
ルヒュエル, H. M.　25, 図 20
ルルク運河　74, 図 58
レオナルド・ダ・ヴィンチ　64, 118
レスコー, ピエール　67
レ・バディニュール　106
レン, クリストファー　図 13, 21, 23
レンヌ通り　22
労働組合　23
ローマ　44, 64
ローマ橋　48, 49, 図 33
ロスチャイルド家　28
ロマネスク様式　図 31
ロワイヤル橋　70
ロワイヤル通り　22, 24, 73, 103, 図 73
ロワイヤル広場（アンリ4世による）（現在のヴォージュ広場）　71, 図 34
ロワイヤル広場（ルイ14世による）（現在のヴァンドーム広場）　64, 65, 67, 図 42-43
ロンシャン競馬場　26
ロンドン　21, 23, 107, 図 13
ロン・ポワン広場　72

ワ——ヲ
ワインブレナー, フリードリッヒ　10
ワグラム通り　106

[訳者略歴]

小沢　明（おざわあきら）

建築家　東北芸術工科大学名誉教授

1936年，中国大連市に生れる。早稲田大学建築学科卒業，ハーバード大学大学院建築修士終了。セント・ジャクソン建築設計事務所，槇総合計画事務所を経て，小沢明建築研究室を設立。ワシントン大学，カンザス大学客員教授，工学院大学特別専任教授歴任後，東北芸術工科大学教授・学長を務める。

BCS賞，公共建築賞，東北建築賞，第1回横浜国際アーバン・デザイン設計競技最優秀賞，日仏新建築設計競技PAN13優秀賞ほか。

著　書　『ポシェから余白へ—都市居住とアーバニズムの諸相を追って』（鹿島出版会）
　　　　『都市の住まいの二都物語』（王国社）
　　　　『デザインの知』（共著，角川学芸出版社）
訳　書　『どこに住むべきか』（彰国社）
　　　　『スモール・アーバンスペース』（彰国社）

・本書の複製権・翻訳権・上映権・譲渡権・公衆送信権（送信可能化権を含む）は株式会社井上書院が保有します。
・ JCOPY 〈(社)出版者著作権管理機構 委託出版物〉
本書の無断複写は著作権法上での例外を除き禁じられています。複写される場合は，そのつど事前に(社)出版者著作権管理機構（電話03-3513-6969，FAX03-3513-6979，e-mail：info@jcopy.or.jp）の許諾を得てください。

パリ大改造〈新装版〉
オースマンの業績

2011年8月25日　　第1版第1刷発行

著　者　ハワード・サールマン
訳　者　小沢　明
発行者　関谷　勉
発行所　株式会社井上書院
　　　　東京都文京区湯島2-17-15　斎藤ビル
　　　　電話(03)5689-5481　FAX(03)5689-5483
　　　　http://www.inoueshoin.co.jp/
　　　　振替00110-2-100535
装　幀　高橋揚一
印刷所　秋元印刷所
製本所　秋元印刷所

ISBN 978-4-7530-1165-0 C3052　　Printed in Japan